eyes for the world, statistics

세상을 보는 눈, 통계

빅데이터 기초편

이대진 · 임경국 · 정석봉

pnc
publishing and culture
피앤씨미디어

머리말

사람들은 빅데이터를 말하면서, 마치 모든 것을 해결해 줄 것처럼 말한다. 그런데 도대체 빅데이터는 무엇인가? 아니 빅(Big)을 빼더라도 데이터는 무엇인가?

우리 일반인은 빅데이터라는 말을 많이 듣고 있지만, 실제로 만나는 일은 거의 없다. 혹시 빅데이터를 만나더라도 너무 큰 데이터이기 때문에 알아채지 못할 수도 있다. 그렇다고 해서 우리가 만나는 데이터를 그냥 무시하고 넘어가기에는 아쉬움이 많이 남는다.

이 데이터를 어떻게 해야 하나? 그런데 막상 우리가 필요한 데이터는 없는데, 이것은 또 어떻게 해야 하는가?

그래서 우리는 데이터를 처리하는 지식에 주목한다. 바로 통계다.

우리는 〈통계는 무엇인가?〉라는 의문에서 출발하여, 일반인이라도 이해할 수 있는 통계를 전하고자 한다.

통계는 데이터에 대한 지식이지만, 더 근본적인 실상은 우리가 생활에서 접하고 있는 문제와 사건들에 대해 올바른 지식과 지혜를 얻는 일이다.

그런데 어려운 수학 세계에서 전하는 통계에 빠지다 보면, 이러한 근본적인 이야기를 잊어버리게 되고, 통계에 회의를 느끼고 멀어지게 된다.

통계가 수학에서 출발하였다면, 이미 사람들의 머릿속에서 사라져 버렸을 것이다. 통계는 수학에서 출발한 것이 아니라, 오래전 서구 사회에서 자신들이 겪었던 일과 사건들의 경험을 일반화시키려는 노력으로 태동하였다. 그렇기에 우리는 데이터 처리에 집중한 기존의 통계학 우물에서 벗어나, 우리가 해결하고자 하는 문제와 사건을 중심으로, 〈통계는 무엇인가?〉라는 물음에서 우물 밖의 통계 이야기를 전하려 한다.

통계를 조금 접한 사람이라면, 평균이니, 분산이니 하는 말들은 아직 머리에 남아 있을 것이다. 사실 그 말들을 잘 몰라도 생활에 큰 지장이 없어 보여서, 그냥 넘어가고 있지만, 통계가 우리 생활 속에서 깊이 자리 잡고 있다는 사실을 알고 나면, 그냥 넘어갈 일은 아니다.

그러므로 〈통계는 무엇인가?〉에 대한 질문에 답을 찾아야 할 것이다.

우리는 〈세상을 보는 눈, 통계〉를 통해 서구에서 식자층의 전유물이면서, 진화를 거듭해 온 통계의 이야기를 전하려고 한다. 서구 사회에서 자신들의 경험을 보편 지식으로 만들어 내려는 노력에서 시작하여, 모든 생활과 학문의 토대가 된 통계를 쉽게 전했으면 하는 저자들의 바람으로 시작한 책이다.

세상에 나타날 것이라고 전혀 생각하지 않았던 일들이 나타나면서 삶의 방식을 비롯하여 세상을 완전히 바꾸어 놓고 있는 Black Swan(흑조) 사건과, 뻔히 알고 있으면서도 방심하고 있는 사이에 우리 곁에 다가와 큰 고민에 휩싸이게 하는 Gray Rhino(회색 코뿔소) 사건은, 우리의 삶 속에서 일어나지 않을 것으로 생각하거나 무시했던 리스크(risk)를 동물로 표현한 것인데, 이것도 통계 지식을 통해, 보다 체계적으로 이해할 수도 있다.

당면한 문제와 사건에 대해 올바른 지식을 얻으려면, 사건과 일들에 대한 있는 그대로의 모습을 살펴야 한다. 그래서 서구 사회에서 자연과 사회 그대로의 모습을 그려내려고 노력하며, 통계를 발전시켜 왔다.

반면 편협한 마음으로 통계에 왜곡을 담아, 자신들의 입맛에 맞게 고치려고 하는 사례들이 세계 곳곳에서 나타났었다. 통계에 왜곡이 담기게 되면, 사회와 조직을 바르게 바라보는 것이 어렵게 된다. 그러나 역사는 이러한 행위가 결국 일과 사건을 망치는 일로 귀결된다는 것을 우리에게 알려 주고 있다.

진실로 사회와 조직을 성장시키고자 하는 사람이라면, 편협한 마음을 극복하고, 통계를 직시하여 혁신하려는 마음을 가져야 한다.

통계는 나타난 사건의 일부를 통하여 사건 전체를 바라보려고 하고, 과거와 현재의 사건 데이터를 통하여 미래의 사건을 들여다보려고 한다. 또한 사건과 사건들의 관계를 통하여, 현재는 물론, 미래의 사건들을 예측해 보려 한다.

우리는 통계 이야기를 수나 공식이나, 수식의 증명이 아니라, 우리 삶 속에서 일어나는 일들을 중심으로 살펴보려고 한다.

대표 저자인 나는 대학 강단에 선 지도 40여 년의 시간을 거쳐 오면서 경영학 영역에서도 주로 계량 접근 방법들(Management Science 영역과 Data Science 영역)을 연구하고 강의하면서 많은 제자들을 배출해 왔지만, 통계학을 어려워하는 제자들을 대하면서, 통계학을 쉽게 전해 보고자 하는 생각에서 시작한 책이다.

통계를 처음 접하는 분들에게도, 쉽게 이해하고, 용어도 이해할 수 있도록 설명하려 하였다. 이야기를 총 5개의 제목으로 풀어내려고 하였다.

1부는 한 잔의 커피와 통계, 통계에 대한 생각을 새롭게 바라보았으면 하는 생각으로 정리하였다.

2부에서는 나이팅게일 따라하며 배우기로 과거의 한 인물인 나이팅게일을 통하여, 통계를 시작하는 이들이 어떻게 통계를 삶 속에서 쉽게 이루어낼 수 있는지를 전하고자 하였다.

3부에서 좀 더 나아가서, 과거와 현재의 비밀을 푸는 통계 핵심 세 가지로 빈도, 오차, 관계를 좀 더 편하게 이해할 수 있도록 전하고자 하였다. 그리고 지금 전개되고 있는 사회 변화가 통계의 세 가지 핵심과 어떻게 연계되는지도 말하였다.

4부에서는 미래를 알고 싶은 통계라는 제목으로, 모두가 익숙하게 말하고 있는 확률에 대해서, 그리고 미래를 들여다보려는 통계의 바람을 전하고자 하였다.

5부에서는 전체를 알고 싶은 통계에 대한 이야기를 정리하였다. 그리고 일상에서 새로운 혁신을 준비하려는 기업의 데이터와 통계에 대한 고민을 같이 고민해 보려고 하였다. 그래서 삼정 KPMG가 전한 설문 조사의 내용을 가져와서, 중소기업의 고민도 같이 해결하였으면 한다. 어떤 데이터를 분석해야 하는지 모르고, 수집된 데이터의 분석 방법을 모르며, 데이터를 분석하는 역량이 부족하다는 내용들을 같이 고민하면서 풀어 보려고 하였다.

이 책을 쓴 목적은 어떻게 하면 지능정보사회의 핵심 자원이 된 데이터, 그리고 그 데이터를 처리하는 통계를 편하고, 쉽게 전하기 위함이다.

대내외로 어려운 여건 가운데 이 책이 출간되도록 배려하여 주신 여러분들에게 심심한 사의를 표한다.

대표 저자 **이대진**(구명: 이홍배)

차 례

3부 과거와 현재 비밀을 푸는 통계 핵심 세 가지

4부 미래를 알고 싶은 통계

1부

한 잔의 커피와 통계

1

아침 한 잔의 커피로 생각하는 통계

생각하는 코너

한국 코레일이 선보인 월드 클래스 서비스 혁신

2009년 8월 3일, 한국 코레일(철도공사)은 어느 나라에도 없는 월드 클래스의 서비스 혁신을 선보였다. 개방형 개찰구 도입이 그것이다. 서울역 등 전국 주요 역 개찰구의 자동 개·집표기와 검표원을 없앴다. 과거 개찰구 자리의 바닥에는 '고객 신뢰선(운임 경계선)', 'We Trust You!(Only paid customers past this line)'이라는 노란선이 대신하였다.

코레일은 개찰구의 자동 개·집표기와 검표 인력에 들어가는 비용을 줄일 수 있었으며, 더 큰 가치는 코레일이 신뢰(Trust)가 통하는 선진사회의 가능성을 보여줬다는 것이다. 신뢰가 지켜지는 사회에서는 통제와 감시를 위한 비용을 지불할 필요가 없다. 신뢰가 곧 사회적 자본(social capital)인 이유다. 이러한 월드 클래스 혁신은 그동안 대한민국 전체에서 축적해온 ICT 기술 내재화(embedded digitalization)와 서비스 디자인 혁신이 결합하여 나타난 것이다.

그리고 시행하기 전부터 갖고 있던 수많은 걱정, 특히 무임승차로 인한 피해를 잠재워버린 것은 2010년 1월부터 8월까지 실시한 통계 조사였다. 2010년에 실시한 조사 결과, 이용객 수는 7,407만 명이었지만, 무임승차로 인해 적발된 건수는 16만 건에 불과하였다. 이것은 전체승객 대비 무임승차 적발률 0.216%, 무임승차 증가폭 0.003%에 불과한 결과였다. 무임승차로 인한 손실비용이 신뢰선으로 인해 나타나는 연간 비용 절감액 58억원에 미치지 못하는 수준으로 판단되었다. 이로써 코레일은 더 자신 있게 서비스 혁신을 완성해 나갔다.

한국 코레일에서 이루어 낸 신뢰와 믿음의 서비스 혁신을 생각하며, 아침에 한 잔의 커피를 마신다. 커피를 마시면 상념에 사로잡혀 이런저런 생각을 하다가, 40여 년의 교수 생활 속에 학생들과 만났던 통계학을 생각한다.

마치 사명에 사로잡힌 것처럼, 어떻게 해야 통계학을 쉽게 전할 수 있을까? 고민하게 된다.

그러면서 커피 한 모금을 들이킨다.

나는 하루에 커피를 얼마나 마시나? 매일 변화는 있나? 1년 동안 어느 정도 마셨지? 내가 속해 있는 지역에서는 커피를 어느 정도 마시나? 우리나라는 커피 소비량이 얼마나 될까? 세상 사람들은 얼마나 마시나? 차이가 있다면 어떤 차이가 있을까? 사람들은 커피를 마실 때, 케이크를 곁들어 먹는 것을 좋아할까? 먹는다면 얼마나 먹을까? 또한, 어떤 종류들을 주로 찾는가?

만약에 이 지역에 조그만 카페를 차린다면 돈을 벌 수 있을까? 생각하고 있는 지역에 있는 카페의 하루 매출은 얼마나 될까? 1년 매출의 변화는 어느 정도 될까? 실패해서 문을 닫는 카페는 얼마나 있나? 지역 전체로는 카페 가게가 어떻게 자리 잡고 있나? 특정 지역에 더 많은 카페가 있다면 특별한 이유가 있을까?

수많은 생각들이 꼬리에 꼬리를 물며, 끊임없이 생겨났다가 사라진다.

나는 이런 상념 속에 일상에서 만나는 일에서부터 통계를 전해보자고 생각했다. 통계학 우물 속에 빠져 있는 책들이 전하는 숫자와 수식, 그리고 계산하는 그런 이야기가 아니라, 통계학 우물 밖에서 주저리주저리 전하는 이야기라면 더 좋겠다고 생각했다.

나는 우리가 일상에서 만나는 일 또는 사건들의 데이터로 시작하는 통계를 이야기하고자 한다. 통계는 데이터에 대한 지식이지만, 실상은 우리가 생활에서 접하고 있는 일과 사건들에 대해 지식과 지혜를 얻는 일이다. 데이터는 일과 사건에서 생성된 것이기 때문에, 데이터가 본질이 아니라, 일과 사건이 본질이 된다는 사실을 잊어버려서는 안 된다.

그러나 우리들은 수학의 한 자락(영역)으로 어렵게만 받아들인 통계로 고민을 많이 하고 있다. 나는 데이터 처리에 집중한 기존의 통계학 우물에서 벗어나, 일과 사건에 중점을 둔, 우물 밖의 새로운 통계 이야기를 전하려고 한다.

그래서 먼저, 매일 마시는 커피 소비량을 쉽게 수(數; Number)로 표현해 보기로 한다.

우리가 살고 있는 사회는 정보기술이 고도화되면서, 단순한 정보사회(information society)를 넘어 지능정보사회(intelligent information society)로 넘어가고 있다. 그리고 우리는 그 변곡점에 살고 있으며, 폭넓은 정보를 얻기 위해 정보를 담고 있는 다양한 언어를 알고 있어야 한다.

다양한 언어를 세 가지로 정리하자면, 첫 번째, 우리가 흔히 사용하고 있는 언어인 자연어(natural language)가 있다. 우리는 보통 이 자연어로 우리의 감정과 정보를 주고받는다. 두 번째 언어로, 정보처리 기반 도구인 컴퓨터와 관련된 언어(computer language)가 있다. 물론 컴퓨터와 스마트폰 등에 더 쉽게 접속(interface)할 수 있는 여건들이 갖추어지고 있지만, 그래도 컴퓨터 운영 언어를 알고 있으면, 아는 만큼 더 많은 정보를 처리하고 접할 수 있다.

현재는 컴퓨터 언어와 자연어가 접속되어, 컴퓨터 기기와 어느 정도 간단한 소통이 가능해지고 있다. 특히 인공지능 비서로 일컬어지는 인공지능(AI) 스피커가, 미국에서는 2011년 애플의 시리(Siri), 2014년 아마존의 알렉사(Alexa) 등으로, 우리나라에서는 2016년 SKT의 누구, 2017년 KT의 기가지니, 삼성 갤럭시의 빅스비 등으로, 이제는 더욱 진화한 AI 스피커들이 등장하고 있기에, 컴퓨터 관련 언어가 필요 없어 보일 수도 있다. 하지만, 그래도 더 많은 정보를 획득하기 위해서는 어느 정도는 알아두는 것이 좋을 것이다.

가장 광범위한 세상 공통언어로 자리 잡고 있는 세 번째 언어가 있다. 바로 수리 언어(mathematical language)이다.

특히, 수리 언어의 대표적인 것이 바로 수(數; Number)이다. 수로 표현하는 이유는 더 많은 정보를 간결하게 담을 수 있기 때문이다.

우리는 이러한 이유로 커피 소비량을 수로 표현하고자 하는 것이다. 커피 소비량에 따라 수로 표현하면, 이것이 가장 기본적인 데이터(data, 자료)가 된다.

이 데이터를 통해서 내가 마시는 커피 소비량, 1년간의 총소비량, 시간에 따른 변화, 지역의 소비량, 한 나라의 소비량, 지역 간 또는 나라 간의 소비량 차이를 직관적으로 알 수 있을 것이다. 직관적으로 안다는 것은 수를 보는 순간, 어떤 모습인지를 쉽게 알 수 있다는 말이다.

코레일의 혁신 사건은 또 다른 데이터를 남기게 되었고, 이후 코레일이 실시한 통계 결과를 통해, 코레일에서 진행되고 있었던 서비스디자인 혁신이 큰 문제가 없음을 직관적으로 이해할 수 있었다.

커피 한 잔의 상념이 계속 이어지면서, 커피 소비량과 케이크 주문량을 같이 알아볼 수도 있다. 어떻게 보면 이렇게 커피를 마신다는 사건과 케이크를 먹는다는 사건을 연결해서 알아보려는 것은 매우 자연스러운 발상일 수밖에 없을 것이다. 커피 소비량과 케이크 소비량 간의 관계를 안다면, 우리는 더 많은 결정을 쉽고 편하게 할 수 있을 것이다.

우리는 일상의 경험에서 하나의 사건과 다른 사건과의 관계를 알고 싶은 일들이 많다. 주식을 하는 사람이라면, 주식에 영향을 미치는 사건들을 알고 싶을 것이고, 부동산에 관심이 많은 사람은 부동산에 영향을 미치는 일들을 알고 싶을 것이다. 만약 데이터가 없다면, 직접 조사하여 데이터를 구하거나, 아니면 다른 부지런한 사람들이 연구한 결과를 통해 데이터를 얻을 수도 있다.

데이터를 제대로 가공하여 특정한 형태(form)를 갖추면 정보(in-form-ation)가 되고, 정보가 제대로 정제되어 더 일반화되고 보편화되어 가치(value)가 입증되면, 누구든지 선반(ledge)에서 바로 내어 쓸 수 있는 지식(knowledge)이 된다. 그리고 지식이 제대로 축적되어 원리를 포함한 유연한 지식으로 내면화되면 지혜(wisdom)가 된다.

이러한 차원에서 데이터를 가공하거나 일반화를 하지 않고, 원리와 패턴도 없는 날(raw) 것의 데이터가 더 많은 가능성을 제공해 주기도 한다. 그래서 모든 것이 데이터로부터 시작하는 것이다.

지능정보사회 시대인 작금의 세상은 우리는 알든 알지 못하든, 수많은 자신들의 발자취인 데이터를 쌓아 나가고 있다. 그 데이터 속에서 중요한 정보를 찾아내고, 그 정보를 토대로 만들어진 새로운 지식으로 혁신을 이루는 사람은 새로운 부(富)의 창출 기회를 얻어 왔다는 사실을 앨빈 토플러가 자신의 저서인 〈부의 미래〉에서 제시한 바 있으며, 우리는 많은 사례들을 접하고 있다.

그런데 그 데이터라는 것이 우리에게서 멀리 있는 것이 아니라, 우리 주변에서 우리가 손을 내밀어 주길 바라고 있을 것이다. 제법 시간이 지난 일이긴 하지만, 저자의 경험을 전하고자 한다.

저자는 어느 한 젊은 의사를 알고 있었다. 그는 당시 막 세상에 발을 들여

놓고 열정을 가지고 의원을 창업한 의사였다. 그런데 호기롭게 24시간 진료를 보는 의원을 시작한 것이다. 그는 의원을 개원하면서 사람들에게 24시간 진료를 본다고 약속하였고, 그것을 지켜가며 열심히 진료하였다.

누구라도 쉽게 예상했겠지만, 3개월의 시간이 지나면서 그 젊은 의사는 피로에 젖어 서서히 몸이 망가지고 있었다. 극심한 피로에 눈 밑에는 다크 서클이 생기고, 잦은 감기 몸살이 자신을 괴롭히고 있었다. 그 무렵, 나는 고혈압 약 처방을 받기 위해 그 의원을 방문하였다. 나는 그를 보는 순간 경악하였고, 그 의사는 고민을 토로하기 시작하였다.

그는 몸이 아프지만, 의원을 찾는 사람들과 24시간 진료 약속을 하였으니, 참으로 난감하다는 것이었다. 그래서 그는 나에게 어떻게 하면 좋을지 물어보면서, 조언을 요청하였다.

나는 어려운 문제가 아닌 것으로, 몸까지 망가지는 젊은 의사를 보고 안 된 마음으로 조언하기 시작하였다.

현재까지 진료를 보면서 작성한 환자의 진료 카드를 보고 환자들이 의원을 찾는 요일과 시간 데이터를 정리한 후, 하루 중 사람들이 가장 적게 찾는 시간대를 정하여 반드시 휴식을 취하고, 일주일 중 가장 적게 찾는 요일을 찾아 역시 휴식 기간을 정하라고 하였다. 더 중요한 것은 병원에서 공지할 때는 휴식이라고 하지 말고, 환자들의 더 나은 진료를 보기 위한 연구 또는 세미나 출장 시간을 갖는다고 게시하라고 하였다. 선의의 거짓말이지만, 의사가 건강해야 더 좋은 진료를 볼 수 있기 때문이다.

그러고 4개월 후, 어느 토요일 오후 다시 방문하였는데, 의원 앞에는 "세미나 출장으로 휴진합니다"라는 문구가 게시되어 있었다. 물론 그 의사는 건강을 되찾고 찾아오는 환자들을 더 열심히 보살피고 있었다.

통계는 현재의 상황을 좀 더 쉽게 이해하고 판단할 수 있도록 도와준다. 그리고 큰 조직들에서도 의사결정에 앞서 현재 상황을 이해하고 판단하기 위해 통계를 활용하고 있다. 코레일의 글로벌 서비스 혁신에서 찾아낸 통계는 코레일의 혁신을 더욱 견고하게 정착하도록 하였으며, 전 세계적인 철도 서비스 혁신 사례로 등장하였고, 우리 시민들에게도 매우 신선하고 편리한, 그러면서도 뿌듯한 서비스로 다가온 것이다.

여러분 역시 자신들이 했던 많은 행위들로 이루어진 일과 사건들에 대한 데이터를 가지고 있다면, 그리고 조직과 기업들이 수행하고 있는 여러 가지 일들에 대한 데이터를 생산하고 있다면, 그 데이터를 다시 들여다볼 것을 조언한다. 자신이 했던 있는 일들에 대한 데이터를 되돌아본다면, 반드시 더 나은 결정을 할 수 있는 혁신 아이디어를 얻을 수 있을 것이다.

통계는 멀리 있는 것이 아니다. 여러분이 경험하고 있는 일과 사건들의 데이터를 정리하는 것만으로드 매우 훌륭한 정보나 지혜를 얻어낼 수 있다.

커피 한 잔으로 미래의 일을 걱정하고 설계하는 상념이 계속되었다.

만약, 이 지역에 조그단 카페를 차린다면 돈을 벌 수 있을까? 생각하고 있는 지역에 있는 카페의 하루 매출은 얼마나 될까? 성공할 수는 있을까?

앞에서 말한 일이나 사건들은 과거에 일어났거나, 현재 진행 중인 일들에 대한 데이터와 통계에 대한 이야기라고 한다면, 이제는 앞으로 일어날 일들에 대한 데이터를 알고 싶은 것이다.

통계는 앞으로 일어날 일들에 대해서도 알고 싶은 것이다.

앞에서 스스로에게 질문한 내용으로, 만약에 내가 조그만 카페를 차린다면 돈을 벌 수 있을까? 카페의 하루 매출은 얼마나 될까?

만약 내가 카페를 차린다면, 그 창업의 성공 가능성과 매출 정도를 알고 싶은 것이다. 이는 성공이라는 일(또는 사건)이 나타난다면, 그 앞으로 나타날 빈도는 얼마나 될 것인가?라는 것이며, 매출에 대해서는 카페에 얼마나 많은 손님이 방문할 것인가?라는 질문과도 같은 것이다.

또한 통계는 관계를 알고 싶어 한다. 카페를 차린다면, 커피만 팔 것인가?

아니면 케이크를 함께 팔 것인가를 알고 싶은 것이다.

우리는 살아가면서 수많은 관계들을 알아내고자 한다. 창업하는 카페의 판매 음식들의 관계와 계절의 관계뿐만 아니라, 무수한 관계들을 알고 싶은 것이다.

통계를 사건과 일에 대한 이야기로 여러분이 받아들인다면, 통계는 반드시 여러분들에게 멋진 해답을 선사해 줄 것이다.

2

우리 삶이 통계다

생각하는 코너

잠 깨우는 왕눈이, 한국도로공사 고민이 낳은 혁신

2020년, 한국도로공사는 지난 5년간(2015~2019년) 고속도로 교통사고 통계를 접하고 깊은 고민에 빠졌다. 고속도로에서 발생한 교통사고 사망자 1,079명 중 무려 67.6%인 729명이 '졸음과 주시 태만'에 따른 사고의 원인으로 나타났는데, 과속(11.9%), 무단보행(3.5%)과 비교하면 압도적으로 높은 비율이었다(중앙일보, 2020.7.23). 사망사고를 차종별로 분류하면 화물차가 523명(48.5%)으로 가장 많았고, 승용차(450명, 41.7%), 승합차(103명, 9.5%) 순이었다. 화물차의 교통량이 전체의 27%에 불과하지만, 사망사고에서 차지하는 비율은 꽤 높았다.

그리고 지난 3년간(2017년~2019년) 화물차 후면 추돌 사망자는 전체 사망자의 약 40%(617명 중 248명)이며, 이들 중 60%(248명 중 152명)는 야간에 발생하였다. 한국도로공사와 경찰은 화물차 사고를 줄이기 위해 다양한 방법들을 제시하였다. 그런 가운데, 한국도로공사가 착안한 것은 '잠 깨우는 왕눈이'였다. 한국도로공사 부산경남본부의 혁신적인 제안이었다. 감시의 눈 효과를 나타내는 잠 깨우는 왕눈이는, 2019년 6월부터 3개월 동안 실시한 부산·경남 지역 고객체험단의 체험 결과, 추돌사고 예방에 도움이 된다는 응답이 94%로 긍정적인 평가를 받았고, 스티커를 구입하겠다는 의견도 82%를 받았다.

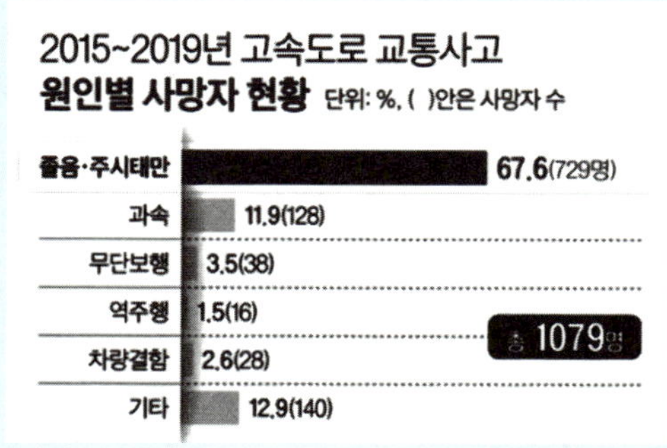

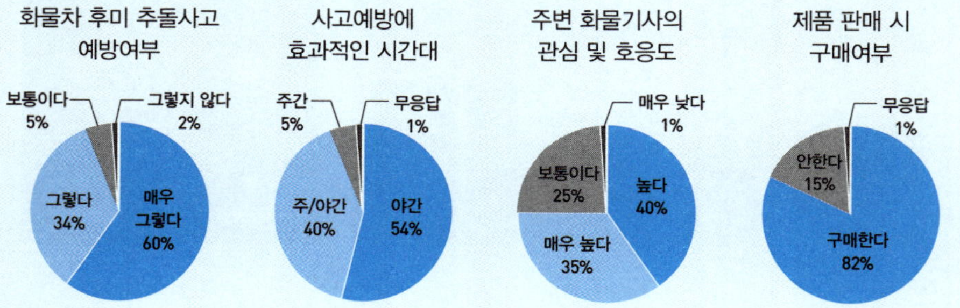

한국도로공사가 고속도로에서 발생하는 교통사고 통계를 보면서, 사고를 줄이기 위한 많은 고민을 했다는 것은 충분히 알 수 있다. 교통사고와 관련된 통계를 보면, 누구라도 어느 부분에 먼저 집중해야 하는지를 알 수 있다.

통계는 우리가 경험하는 일과 사건에 대해, 우리가 해야 할 행동의 방향을 알 수 있게 해 준다. 당연하게 일과 사건에 대한 통계는 바로 우리의 삶 속에 깊이 연계되어 있다. 단적으르 말하자면, 우리의 삶이 바로 통계가 되는 것이다.

우리가 일을 만나면 데이터가 생성되고, 생성된 데이터가 축적된다면, 그 곳에는 반드시 통계가 함꼐한다. 넓게는 사건에서 통계가 시작되고, 좁게는 데이터의 집적에서부터 통계가 시작되기 때문이다.

우리 개개인의 발자취뿐만 아니라, 우리 사회의 발자취는 데이터로 남는다.

통계는 우리 주변에 대한 지식탐사로부터 시작되었다고 할 수 있다. 우리 주변의 자연과 사회에 대한 궁금증은 차고도 넘치는 것이었다.

자연과 사회에 대한 서구의 지식 탐구는 통계로 남게 되었고, 중세 이전의 국가 통치에도 통계가 적용되었다.

통계학을 의미하는 statistics에서 statistic은 현실에서 통상적으로 우리가 파악하고자 만나는 대상 집단(통계에서 사건 전체가 아닌 사건 일부분인 표본(sample)을 의미)에 대한 대표 통곗값을 의미하는 통계량이지만, 어원을 따지면, 〈국가 업무를 관장하는 자〉라는 의미를 갖는 라틴어 statista에서 유래하고 있다. 말하자면, 통계학은 국가를 통치하는 기술이자 학문으로 자리 잡고 있었으며, 서구 유럽의 귀족들이 배워야 할 기본 지식이었던 것이다.

우리는 자연과 우주의 이치를 명확하게 알지 못하지만, 주변에서 일어나고 있는 일들과 사건들에 대한, 좀 더 나은 지식과 정보가 필요했던 것이다. 이것이 나뿐만 아니라, 사회와 세상, 그리고 자연을 이해하기 위한 지식 탐구의 도구로 사용되었던 것이다. 나아가서 한 국가를 통치하기 위한 지식 역시 매우 중요하게 인식하였던 것이다.

우리가 살고 있는 환경은 어떠한가?

우리나라 안에 사람은 얼마나 있는가?

사람들은 얼마나 죽고, 태어나는가?

이 나라 안에 수확하는 것은 무엇이며, 얼마나 수확하는가? 또한 생산하는 것은 무엇이며, 얼마나 생산하는가?, 얼마나 소비하며, 부족한 것은 무엇이고,

남는 것은 무엇인가?라는 탐구들은 경제와 통치에 대한 통계로 발전되었다.

이것이 사회, 자연, 나아가서 우주에 대한 탐구로 연결되었고, 서양 모든 학문의 기본이 되었으며, 경험론의 근간이 되었다.

통계는 오래 전부터 서구 사회에서 자신들이 겪었던 일과 사건들의 경험을 일반화시키려는 노력으로 태동하였다. 경험치의 결과가 통계로 나타나게 된 것이다. 서구 물질문명의 발전사는 바로 이러한 거대한 데이터 집적의 결과라고 말할 수 있을 것이다.

그림에서 보는 것처럼, 서구의 지식은 개별적인 경험으로부터 자연을 보편적으로 설명하고자 하는 거대한 담론으로 발전하여 왔다고 말할 수 있다. 이러한 접근방법을 경험에 따른 귀납적 방법이라고 한다.

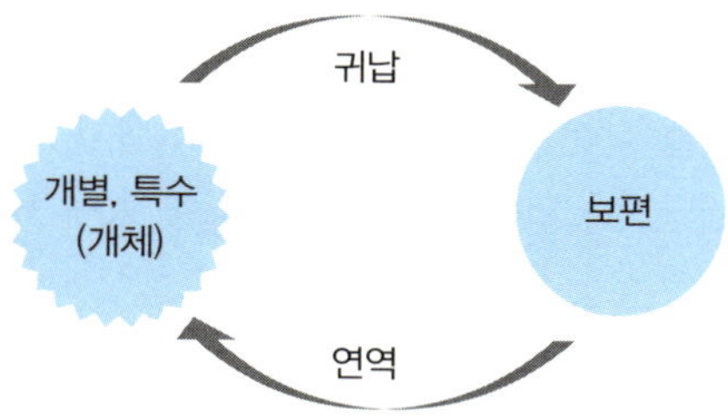

서구에서는 천년 전까지 세월을 거슬러 올라가서 통계와 관련된 이야기를 전하고 있다. 굳이 천년 전까지 거슬러 올라갈 것까지 있겠냐마는, 통계를 사건과 일에 대한 이야기라면 그렇게도 말을 할 수 있을 테니까!

천년 전의 서구 사회에서 과학이라고 불리던 지식은 자연 현상을 관찰하며 얻은 경험으로부터 비롯되었다.

이러한 노력들이 진화되면서, 수백 년 전의 서구 사회에서는 개별 경험을 통해 얻은 지식들을 일반화하기 시작하였다. 모형이나 일반화 과정을 통하여 보편적인 통합 이론으로 체계화하려 하였다.

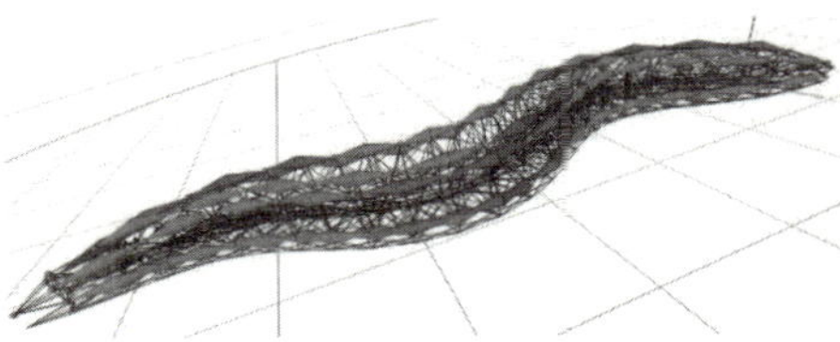

Fig. 2. Screenshot of *C. elegans* simulation representing its general view.

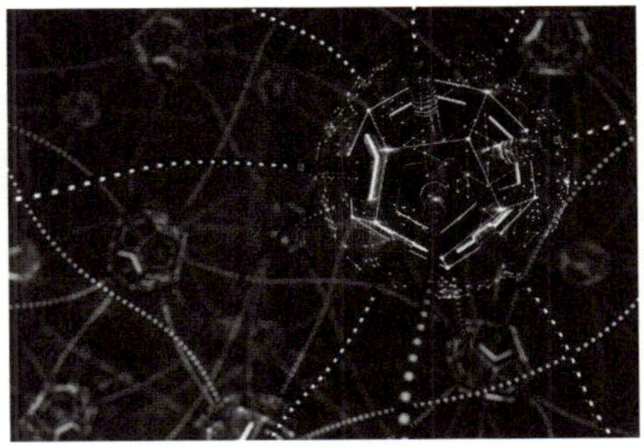

그러나 통합된 보편이론인 grand theory를 도출하려는 노력들이 한계를 보이자, 컴퓨터 등의 도구들을 동원하여 복잡한 현상계에 대한 시뮬레이션을 통해, 예를 들어 예쁜 꼬마선충 신경망 시뮬레이션(위 왼쪽 그림)이나 뇌신경망 시뮬레이션(위 오른쪽 그림) 등의 연구를 통해, 자연과 사회, 나아가서 사람에 대한 이치를 더 정밀하게 파악하려 하였다.

최근에 들어서는 Data Science라는 지식 체계를 통해 데이터 탐사를 비롯하여 새롭게 데이터 체계를 구축하고자 하였고, 이론, 실험, 그리고 시뮬레이션을 통합하려는 노력이 진행되어 왔다.

결국 대자연에 대한 통합 이론 체계를 찾으려는 노력을 끊임없이 진행하여 왔던 것이다. 통계의 지식과 기술들이 사회와 자연을 해석하는 방법론으로 자리잡게 되었고, 생물학, 경제학 등에서 시작하여 자연과학, 공학, 의학, 사회과학 등 서구의 모든 지식과 학문의 기본 바탕이 되어 왔던 것이다.

서구는 동양권의 지식 및 학문 체계와는 다른 접근방법인 귀납적 접근방법을 통해 지식을 축적함으로써 물질문명을 진화시키고, 발전시켜 왔다. 반면 동양권은 연역적 접근방법으로 지식을 심화시켜 왔다. 그러나 보편적인 통합이론으로 지칭되던 음양론 등이 무너지면서 연역적 접근방법의 한계를 드러내기도 하였다.

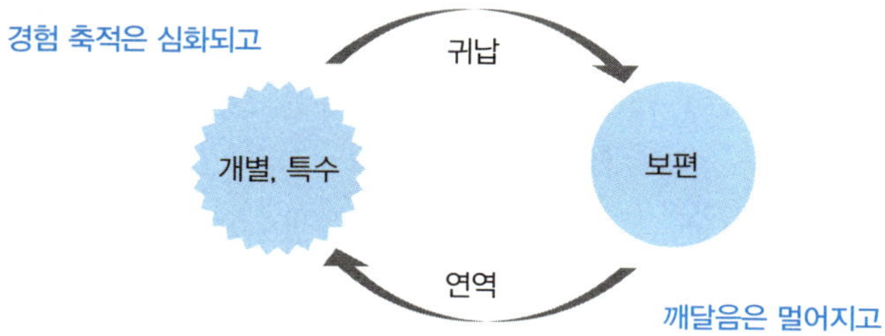

이러한 접근방법을 통계학 지식 내부로 한정하여 살펴보면 더욱 잘 이해할 수 있을 것으로 판단된다.

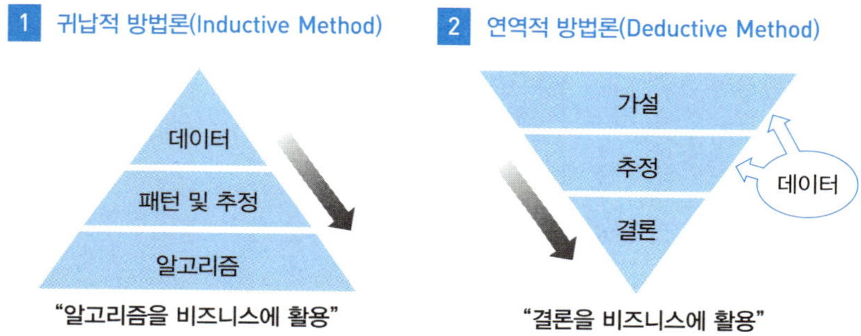

경험을 통하여 관찰된 데이터를 근간으로 패턴을 찾아 추정하고 이 데이터를 가장 잘 설명할 수 있는 알고리즘(다르게 표현하면 통합 모형에 비견할 수 있음)을 찾는 일이 귀납적 방법이고, 먼저 전체에 대한 가설과 정리된 이론을 기반으로 데이터를 찾아 가설과 이론에 대한 증빙을 하는 일이 연역적 방법이라 할 수 있다.

서구에서 발전한 통계는 조직의 인적/물적 자원 관리 기술이자 지식의 바탕이 되었다. 나아가서, 우리 주변의 시스템, 말하자면, 가계, 기업, 국가, 사회, 세상, 자연 시스템 내에서 인적/물적 자원의 양은? 변화는? 얼마나 죽고, 태어나느냐 등의 변화는? 생산 품목과 생산량, 그리고 변화는? 어떤 자원이 있으며, 얼마나 얻을 수 있나? 얼마나 소비하며, 부족한 것? 남는 것? 변화? 등을 이해하기 위한 근간이 되었다.

이제, 통계는 우리 삶 속에서 떼려야 뗄 수 없는 지식과 기술이 되었고, 새로운 아이디어 혁신을 위한 바탕이 되기도 하였다.

앞에서 말한 젊은 의사는 통계에서 새로운 변화를 찾았고, 지금은 당연한 식문화가 되어버린 즉석 밥인 〈햇반〉의 탄생도 1인 가구의 증가 통계를 의미 있게 바라본 CJ의 걸작 제품이 되면서 〈햇반〉의 상표명이 관련 제품군의 대표 이름이 되었다.

지금과 같은 낮은 도수의 소주 시장 역시, 여성들의 사회 활동 증가율을 눈여겨보던 당시 두산주류의 〈처음처럼〉에서 시작되었고, 서울·경기 권역에서 출발한 〈처음처럼〉의 선풍적인 인기는 이후 소주 시장의 기준이 되어버렸다. 해외로의 여행 증가가 진행되던 통계를 지켜보던 대상의 청정원은 튜브형 고추장을 선보이며 외국 여행객의 필수품이 되었고, K 한류로부터 시작된 K 푸드의 소스(sauce)로 세상 사람들의 식탁에 자리 잡게 되었다.

3

동서 문화에서 보는 통계

생각하는 코너

어디로 기울어 있는가?

사건의 발생 모습을 분포(distribution)라고 하는데, 그래프로 작성하면 좌우 균형이 잡힌 분포를 보는 것은 쉽지 않다. 특정 사건의 발생 분포를 그래프로 작성하였더니, 다음의 그래프로 나타났다고 가정하자. 이 경우, 그래프는 어느 쪽으로 기울어져 있다고 보는가? 왼쪽? 오른쪽?

여러분은 어떻게 생각하는가?

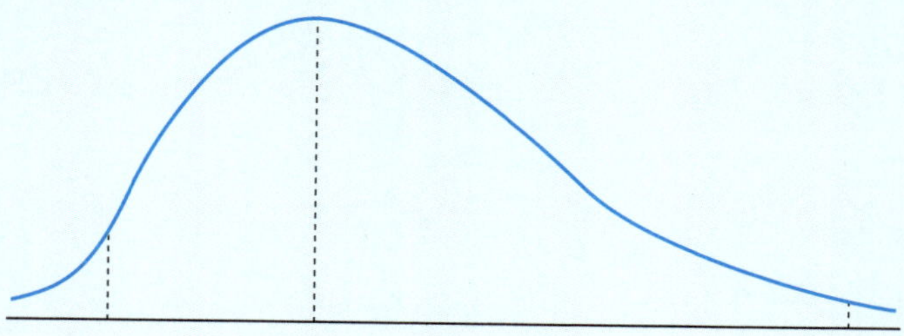

왼쪽, 오른쪽의 기울어져 있는 모습을 말하기 전에 알아두어야 할 내용이 있는데, 그 내용들을 살펴보자.

통계 지식과 기술이 서구 사회에서 사회와 자연을 이해하기 위한 접근방법으로 귀납의 방법으로 접근한 것이라면, 동양권에서의 사회와 자연을 이해하기 위한 접근방법으로 음양론, 더 나아가서 음양오행론 등의 연역적 철학 접근을 들 수 있다.

대자연과 사회를 음과 양, 그리고 그로부터 비롯된 오행의 모습으로 파악한 연역의 방법을 말할 수 있다. 앞에서 동양권은 깨달음의 경계로부터 출발한 보편적인 통합이론인 음양론으로 사람과 사회, 자연을 이해하고 파악하여 왔으며, 이들 지식과 학문이 다양한 모습으로 진화하고 발전되어 왔다. 그러나 깨달음의 경지라는 것이 어려운 경계이기 때문에, 통합 발전하기보다 오히려 각각의 종교, 이념과 가치들로 나누어지면서 쇠퇴하게 되었으며, 이후 서구 사회의 통계 지식과 기술처럼 발전하지 못하고, 과학이라고 일컫는 주류의 지식과 학문에서 벗어나게 되었다.

그럼에도 불구하고, 귀납과 연역이라는 동서양의 인식에는 상당한 차이가 존재하고 있으며, 이를 이해하는 것이 통계를 보다 잘 이해하는 길이기도 하다.

우리는 이 책에서 이 영역을 자세하게 전하려는 것이 아니라, 일반인이 이해할 수 있는 정도만, 용어나 인식의 차이를 살펴보는 것으로 정리하고자 한다.

먼저 하늘에 반짝이는 별을 바라보고 그려냈던 동서양인의 도형을 알아보자.

옳고 그름의 문제가 아니라, 하늘의 별을 직시하고, 습관처럼 그렸던 과거 동양과 서양의 도형을 알아보자는 것이다.

왼쪽은 서양이 바라본 별 모양이고, 오른쪽은 동양이 바라본 별 모양이다. 여러분들도 서구 교육이 이식된 상황에서 별을 그리라고 하면 아마 왼쪽 별 모양을 그려낼 것이다.

동양과 서양이 왜 이렇게 다를까?

이것을 이해하기 위해서 우리는 근원에 있는 사실을 알 필요가 있다.

바로 동서양에서 품고 있는 기운의 향방을 알아야 한다. 결론적으로 말하면 다음 그림과 같이 큰 틀에서 기운의 향방에 차이가 난다는 것이다.

동양이라 함은 주로 전형적인 한국인을 대상으로 한다. 중국이나 일본의 경우, 역사가 전개되면서 동양 본래의 모습에서 벗어나 있는 모습이 많이 나타나므로, 이야기의 대상에서는 일단 제외하여 파악한다.

결론부터 말하자면, 동양의 경우는 기운이 안쪽에서 바깥쪽으로 흐르는 기운이고, 서양의 경우는 바깥쪽에서 안쪽으로 흐르는 기운을 지니고 있다. 과연 그런가? 이것을 이해해야 별의 모양이 왜 차이가 나는지를 알게 된다.

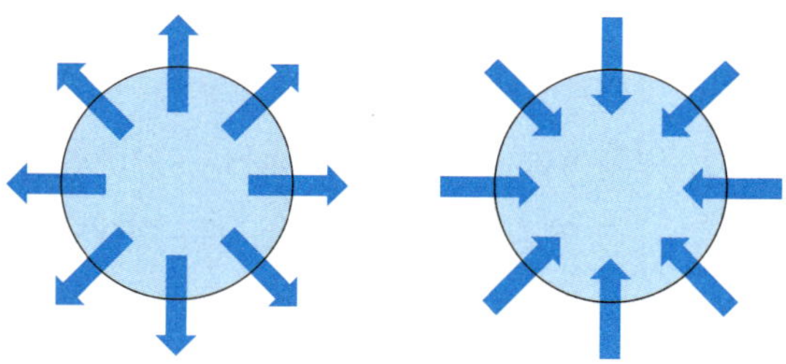

저자가 말하는 기운의 향방을 알기 위해, 먼저 몸의 구조부터 알아보자. 극단적인 대비를 위해 전형적인 한국의 남성과 전형적인 서구의 여성을 대비시켜 보자. 한국의 남성은 양의 기운이고, 서구의 여성은 음의 기운을 대표한다고 말할 수 있다.

안에서 바깥으로 흐르는 동양의 기운을 풍선 부는 것으로 비유하고, 바깥에서 안으로 흐르는 서양의 기운은 진흙을 빚는 것으로 비유하면 쉽게 이해할 수도 있겠다.

신체의 전체 모습을 비교하면, 바깥쪽으로 흐르는 기운을 가진 한국 남성의 경우, 상체가 하체보다 발달되어 있지만, 안쪽으로 흐르는 기운을 가진 서구 여성의 경우, 하체가 상체보다 발달되어 있음을 알 수 있다.

머리 부분으로 한정해서 보면, 바깥쪽의 기운을 가진 한국 남성 머리는 부풀어 오른 풍선처럼 둥그런 모습이며, 얼굴 앞면이 옆면보다 넓다. 그리고 눈과 코 등의 높이 모습이 밋밋하며, 눈썹과 눈과의 간격이 넓다. 심지어 동양인을 비하하는 말처럼 눈이 상대적으로 적게 보이는 모습도 드러난다.

서구 여성의 경우, 마치 외부에서 진흙에 힘을 가한 모습처럼, 얼굴 앞면이 옆면보다 좁으며, 눈, 코 등의 모습이 뚜렷하게 차이를 드러낸다. 눈썹과 눈의 간격이 좁고, 눈동자도 상대적으로 큰 편이다.

이렇듯 한국 남성의 경우, 풍선을 분 것처럼, 기운이 안에서 밖으로 나가는 형상으로, 상체가 하체보다 발달하고, 얼굴도 둥그런 모습을 보이고 있는 것이다. 반면 서구의 여성은 기운이 외부에서 안으로 향하는 것처럼, 하체가 상체보다 발달하고, 얼굴도 옆에서 기운이 밀어붙인 듯하고, 눈, 코 등 들어간 부분과 튀어나온 부분들이 확연하게 나타나는 형상을 보이고 있는 것이다.

신체의 형상에서 기운의 흐름을 읽을 수 있다는 것이 재미있다. 그러다 보니 신체가 드러나는 춤의 문화에서도, 한국에서는 상체를 사용하는 춤이 우선이지만, 서구에서는 하체를 사용하는 탭 댄스가 우선인 것을 볼 수 있다.

또한 사람의 기운을 가장 쉽게 알 수 있는 것으로 사용하는 말에 있는데, 특히 사람의 감정이 가장 잘 드러나는 감탄사를 통해서도 그 기운의 모습을 읽을 수 있다.

한국 사람들이 사용하는 감탄사는 기운이 안에서 밖으로 터져 나오는 내지르는 소리 억양이지만, 서그 사람들의 감탄사는 밖에서 안으로 욱여 들어오는 소리 억양을 가지고 있다.

가장 잘 드러난 감탄사가 WOW이다. 우리는 〈우와〉라고 감탄하며 기운이 안에서 밖으로 나가지만, 서구의 감탄은 〈와우〉라고 하여 밖에서 안으로 들어오는 억양을 가지고 있는 것이 또 다른 기운의 흐름을 대변하는 것이다.

신체나 말의 기운에서는 본연의 기운 향방이 보이지만, 그것을 표현하여 드러낼 때에는 지향점에서부터 시작한다. 표현하여 드러낸 직접적인 기운 흐름 사례로 한국과 서구의 주소 인식을 들 수 있다.

우리는 주소 인식을 기운이 뻗쳐 있는 바깥에서 인식을 시작한다. 그러면서 기운의 출발점을 오는 방향으로 주소를 인식한다. 하지만, 서구의 주소 인식은 기운이 뻗쳐 있는 나에게서부터 시작하고, 기운의 출발점으로 향하는 방향으로 주소를 인식한다. 말하자면 우리는 대한민국 충청남도 공주시 등으로 주소를 인식하지만, 서구는 나 자신부터 시작하여 주소를 인식하게 된다. 인터넷의 주소도 마찬가지다.

한국의 경우, 지향점이 바깥에 있다 보니, 외부 사람들에 대한 의식이 매우 높아서 남의 눈치를 많이 본다고 할 수 있다. 그래서 자연스럽게 공동체의 뜻을 쉽게 받아들이는 성향도 있다. 좋은 방향으로 가야 하지만, 나쁘게 이용하면 권력이 집중될 가능성이 있어 자유민주사회의 독약이 될 수도 있다.

반면, 서구의 사람들은 지향점이 안쪽이다 보니, 남의 눈치는 보지 않고, 자신에 대한 생각이 더 높은 편이며, 개인주의적 성향을 강하게 나타내고 있다.

이러한 기운의 흐름 방향이 다르다 보니, 생각이 다르고, 이에 따라 행동과 문화에 차이가 있음을 알 수 있다. 일반적으로 동양권에서는 전체를 보고, 남을 배려하며, 자연 속에서의 나를 찾아서 결정한다. 그래서 신(神)도 자연 속에서 찾는다. 반면, 서구에서는 개체를 먼저 생각하며, 나를 위주로 생각하고, 자연 밖에 존재하는 나를 찾아서 결정한다. 그래서 신(神)도 자연 밖에서 찾는다.

보다 재미나게 읽을 책으로 EBS에서 다큐멘터리로 방영한 바 있는 내용을 책으로 발간한 〈동과서〉를 추천한다.

이러한 기본 사고를 기반으로 별에 대한 인식을 자세히 들여다보도록 하자.

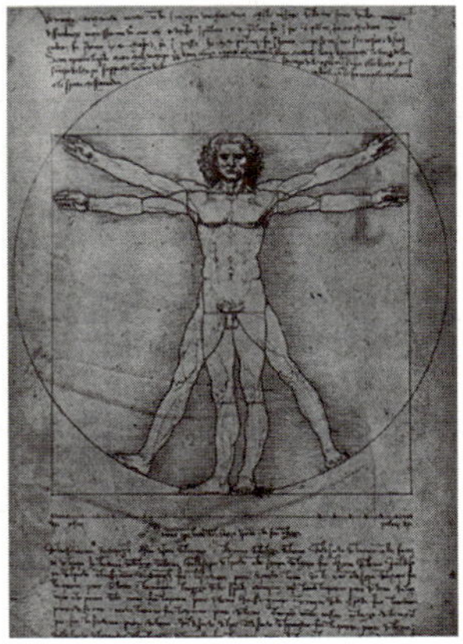

첫 번째 그림은 한국적 추상화를 확립하여 미술계 거장으로 평가받는 장욱진 화백의 〈사람〉이다. 그리고 두 번째 그림은 NASA에서 외계에 있을 생명체에게 보낸 우리 인간에 대한 데시지라고 한다.

서구인이 디자인한 별과 닮아있지 않은가?

서구에서는 별을 보면서 지향점인 나를 투영하여 표현하였다. 서구 사회에서는 별을 보면서 자신을 디자인하였고, 우리는 바깥 지향점에 있는 모습 그대로를 디자인한 것이다.

여러분들이 자주 본 적이 없으니, 과연 우리는 별을 그렇게 그렸을까? 생각할 수도 있다. 수많은 자취들이 있지만, 한 가지 뚜렷한 사례만 언급하여도 될 것 같다.

다음 사진은 전라남도 화순에 있는 운주사 입구의 산기슭에 있는 칠성 바위이다. 오른쪽은 위에서 본 모습으로 별빛의 광채를 보는 대로 디자인하였다. 이것은 동양권에서도 오직 한국에서만 나타나는 디자인이라고 할 수 있다.

그림의 세계에 들어가면 더 확연한 차이를 보여준다. 〈동과서〉에서 말하는 내용과 연계해서 살펴보도록 하자. 세상의 모습을 표현할 때, 별 모양에서 이미

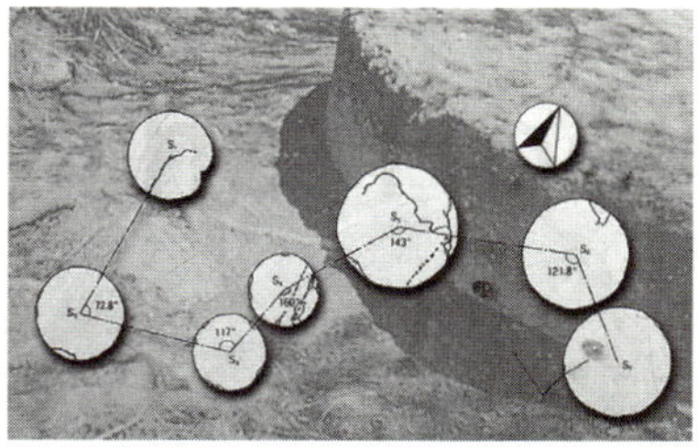

보았듯이, 동양권에서는 자연계에 드러난 그 모습을 그대로 표현하고 있지만, 서구에서는 자연을 보면서 자신의 모습을 표현하고 있다고 설명하였다.

그림의 세계에서는 그림을 그리는 화가가 자신의 지향점에 가서 피사체를 바라보고 그린 모습이 보편적인 그림으로 전해지고 있다. 먼저 자연과 인물을 그린 그림을 감상해 보자.

자연 풍경을 그리는데, 동양의 화가는 하늘에 떠 있는 드론에서 찍은 사진처럼 그렇게 그리고 있다. 화가가 자신의 지향점이 어느 하늘가에 올라가서 그림을 그리는 것이다. 반면 서구의 화가는 자신의 입장에서 그림을 그리고 있다. 김홍도의 〈씨름〉과 밀레의 〈만종〉의 인물화도 마찬가지다.

전문 화가는 훈련을 받고 화풍에 따라서 그렇게 그렸다고 하자.

그러면 어느 누구의 손길도 뻗은 적이 없는 어린이들의 그림을 보자. 아이들은 본성대로 그림을 그려낸다고 볼 수 있을 것이다. 그래서 다음은 국제 대회에 참석한 어린이들의 그림들을 살펴보도록 하자. 여러분들은 구분할 수 있겠는가?

네 명의 어린이가 그린 ①, ②, ③, ④ 그림을 보고, 어느 그림이 한국 어린이가 그린 것인지, 아니면 서구(미국) 어린이가 그린 것인지를 알아볼 수 있겠는가?

① ② ③ ④

이 중 한국 어린이가 그린 그림은 ②, ③이다.

어린이들의 그림 차이를 이해할 수 있겠는가?

참으로 신기할 정도로 어린이들에게 타고난 본성을 엿보게 되는 것이다. 어린이들의 순수한 본성이 담긴 그림을 보면서, 소름이 돋을 만큼 놀랄 만한 일임을 알 수 있다. 앞에서 저자가 여러분들에게 언급한 동·서양권의 사람들의 차이를 다시 한 번 음미하기 바란다.

이제 기울어진 그래프로 돌아가 보자.

사건의 발생 모습인 분포(distribution)의 그래프를 보면서 어디로 기울어 있는지를 물어보자. 아마 여러분들이 한국인들이라면, 왼쪽으로 기울어 있다고 하고, 서구인이라면 right-skewed라 하여 오른쪽 기울기이라고 한다.

우리는 머리 향방으로 기울기를 결정하고, 서구는 꼬리 향방으로 기울기를 정한다. 이것은 앞에서 말한 기운의 향방이 서로 다르기 때문이다. 이것을 번역해서 사용할 때, 어리둥절할 사람들이 있을 수 있다. 그래서 억지로 오른쪽으로 치우친 분포라고 번역하기도 하지만, 굳이 영어에 매여 번역할 필요는 없다고 본다.

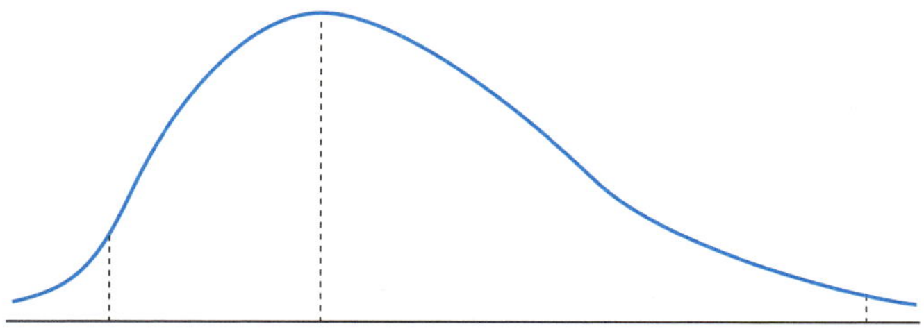

우리 성향에 따라 왼쪽으로 기울어진 분포라고 하면 되는데, 영 기분이 찝찝할 수도 있다는 것이다. 기운이 가는 대로 말하면 된다. 복잡하게 생각할 필요가 없다. 사실 우리가 사용하는 통계 언어들 중에서 고쳐야 할 것이 제법 있다.

근래에 들어와서는 서구 사회에서 직접 수학하여 통계를 전하는 학자들이 많이 생겨났지만, 과거에는 서구의 문물을 받아들이는 과정에서 일본 학자들의 연구 내용을 참고하여 통계 지식을 전하였다. 이에 통계에서 사용하는 용어들을 크게 고민하지 않고 그대로 사용하는 경우가 많다. 이것이 좋다 나쁘다의 문제가 아니지만, 이제부터는 사용하는 용어들을 조금 더 고민할 필요가 있을 것으로 본다.

그중 하나가 Normal Distribution이다. 일본 학자들은 정규분포로 번역하였고, 우리도 그대로 사용하고 있는 대표적인 용어이다. 크게 문제가 없을 것 같지만, 정규분포로 번역하는 순간, 서구 사회에서 말하고자 하는 진정한 의미가 제대로 전달되지 못하고, 용어가 자유롭고, 유연하며 혁신적인 생각에 방해가 되지 않을까 우려된다.

기울어진 빈도의 모습에서 더 많은 관찰을 하다 보면 만나게 되는 분포가 이 분포이다. 우리가 해결하고자 하는 사건이나 일을 X라고 하고, 각각의 X들에 대한 빈도를 많이 관찰하여 축적하다 보면, 가장 정상적으로 만나게 되는 빈도의 분포라는 것이다. 그래서 서구 사회에서는 이러한 정상적인 분포로부터 모든 것을 생각한다.

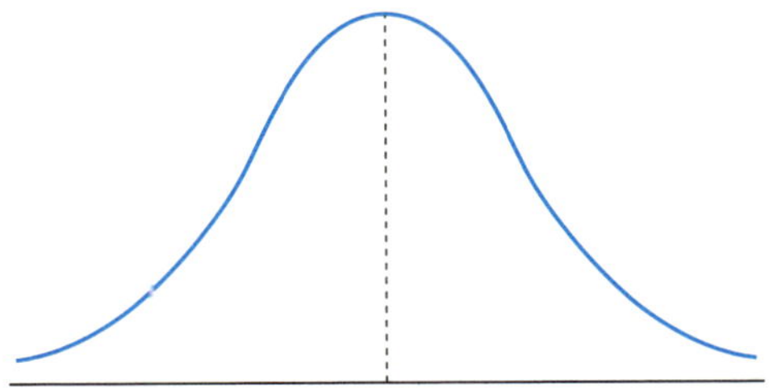

사건의 양쪽 끝으로 가면 나타날 빈도가 매우 낮아진다는 것이며, 중간쯤에서 빈도가 가장 많이 나타난다는 것이다. 서구 학자들은 이것을 정리하려고 노력하였고, 이 분포가 가장 대표적인 분포인 것이다. 평균을 대표하는 μ와 표준편차를 대표하는 σ도 이 분포에서 나타난다.

Normal distribution은 말 그대로 자연과 사회 현상을 아주 많이 살펴보다 보면 가장 정상적으로 나타나는 분포라고 하는 것이다. 그런데 우리가 만나는 현실의 분포는 과연 정상적인 분포라고 할 수 있을까? 어쩌면 Normal distribution은 서구 사회가 만들어낸 가장 이상적인 분포라고 할 수 있을 것이다.

때때로 사회 현상과 자연 현상의 정상적인 분포지만, 이상적인 분포에 너무 집착하다 보면, 양쪽 끝에 있는 사건으로, 거의 나타나지 않을 것으로 믿었던 사건이 발생하면서 사회를 뒤흔드는 일들이 종종 발생한다. 이러한 일들은 우리와 우리 사회를 완전히 헤집어 놓을 수도 있다. 현재 우리가 겪고 있는 코로나 병난이 대표적인 일이라 말할 수 있다. 우리는 이것을 Black Swan이라고 한다.

Black Swan은 백조에 대비하여 흑조를 말하고 있지만, 그 본래의 뜻보다는 다른 의미로 사용된다. 전혀 나타나지 않을 것으로 믿고 있었는데, 덜컥 그 사건이 발생하면서 기존 사회의 상황을 뒤집어 버린 사건이라는 의미로 사용되는 숙어가 되어버렸다. Black Swan에 대해서는 2007년도에 출간된 나심 니콜라스 탈레브의 〈블랙 스완(*The Black Swan*)〉을 권장한다.

4

변화와 혁신 시대에 깨닫는 통계

생각하는 코너

왜 이렇게 임금의 격차가 생겨나는 것일까?

2013년 Brynjolfsson과 McAfee가 발표한 1963년에서 2008년까지의 미국 정규직 근로자 임금 변화 그래프이다. 이 그래프에는 대학원 졸업자, 4년제 대학 졸업자, 2년제 대학 졸업자, 고졸자와 고교 중퇴자들의 임금 변화를 보여주고 있다. 왜 이렇게 임금 격차가 늘어나고 있는 것일까?

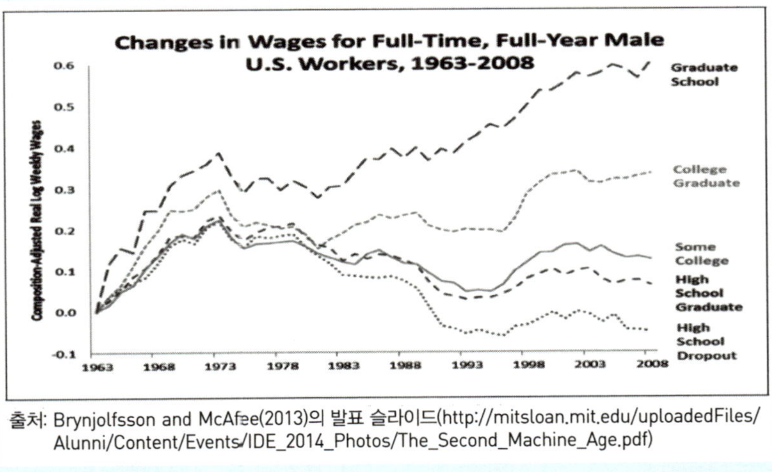

출처: Brynjolfsson and McAfee(2013)의 발표 슬라이드(http://mitsloan.mit.edu/uploadedFiles/Alunni/Content/Events/IDE_2014_Photos/The_Second_Machine_Age.pdf)

우리 사회는 또 다른 역동의 변화 과정을 지나고 있으며, 역동의 변화 과정에 전 세계는 코로나 병난을 거치면서 디지털화의 대전환이 더욱 급속하게 전개되고 있다.

코로나19로 인해 정부에서는 감염 확산을 예방하기 위해 사회적 거리두기를 시행하였고, 사람들도 대면접촉을 회피하면서 디지털 전환(digital transformation)이 더 많은 탄력을 받게 되었으며, 비대면의 새로운 혁신이 이루어지고 있다. 그동안 인류는 세 번의 산업혁명을 거쳐 왔고, 어느 순간부터 4번째 산업혁명의 파도들이 우리 삶 속에 더 크게 넘실거리고 있다. 그동안 인류가 겪어온 세 번의 산업혁명은 증기기관, 전기, 컴퓨터와 통신기술 등 더 나은 추동력을 이용하여 생산성을 향상시켜 왔고 우리의 삶과 생활양식을 변화시켜 왔다.

이제는 지능정보사회로 더 발전하고, 심화된 정보통신기술을 기반으로 한 융합기술과 인공지능을 통해, 우리가 머리를 싸매고 고민하여 온 생산성과 효율성의 과제를 효과적으로 해결하고자 노력하고 있다.

말하자면 Industry라는 말 속에, 효율적으로 만들기 위해 부단한 노력과 혁신들이 있을 수밖에 없었다는 것을 안다면, 우리들에게 이루어지고 있는 산업혁명의 의미와 내용들을 더 잘 이해할 수 있을 것이다.

만드는 일의 기술과 방법 틀을 획기적으로 변화시킨 마디들을 우리는 산업혁명(Industrial Revolution)이라는 이름으로 불러왔고, 이제 우리들이 그동안 행하여 왔던 일하는 방식과 만드는 기술과 방법 틀을 새롭게 변모시키려는 4차 산업혁명의 시간 속으로 들어온 것이다. 어떠한 상황이라도, 만드는 일에는 근로자의 역할이 대단히 중요할 수밖에 없다.

만드는 일의 기술과 방법 틀이 획기적으로 변화되면, 그 변화를 감당할 수 있는 양질의 근로자 수요가 폭발할 수밖에 없게 된다. 노동 시장에 양질의 근로 수요가 많아진다는 것은 당연히 노동 단가의 상승으로 귀결되는 것이다.

그리고 임금은 생산성에 기인하여 자연스러운 조정과정을 거치게 된다. 혁신 기술로 생산성이 향상되면, 그 생산성 향상 부분의 일부가 양질의 근로자 임금으로 부가되는 것이다.

노동 단가가 상승하면 그에 걸맞은 양질의 근로요건을 갖춘 근로자를 찾게 되며, 반면에 원하는 수준에 도달하지 못하거나, 그렇게 판단되는 근로자의 수요는 상대적으로 줄어들게 된다. 수요가 줄어진다는 것은 상대적 노동 단가의 하락을 가져오게 된다.

자본주의 사회는 시장경쟁에서 뒤처지지 않으려는 시장 참여자들의 노력이 혁신으로 나타나고, 혁신을 근간으로 자본주의는 성장하였다고 말할 수 있다. 또한 제품 소비확산은 기술 혁신의 확산을 가져왔다.

끊임없는 생산기술혁신으로 인해 상대적으로 숙련도 높은 노동력에 대한 수요가 증가하게 되었다. 학력이 숙련도와 비례한다고 할 때, 대졸자에 대한 상대 수요가 증가하고, 대졸 노동자의 상대 임금이 상승하게 된 것이다.

생산기술혁신은 고숙련 노동과 보완관계 모습을, 저숙련 노동과는 대체 관계 모습을 보이고 있는 것이다.

이처럼 기술발전이 고숙련/고학력 노동자 생산성을 증대시키는 현상을 숙련편향 기술변화(Skill-Biased Technological Change; SBTC)라고 한다. 이러한 숙련편향 기술변화에 따라 학력 및 숙련도에 따른 임금 격차가 확대되어 온 것이다.

교육이 혁신적 변화를 이루고 있는 시장에 숙련 근로자를 제공하는 상황으로 전개되었지만, 대졸자 공급보다 대졸자 수요가 더 증가하였기에 임금 격차가 확대되었다.

신기술이 사회에 미치는 영향은 이루 말할 수 없을 정도로 크다.

신기술이 발현되어 나타나면, 인간의 독창성이 함께 어우러져서 공동체 전체의 창조 잠재력(creative potentiality)을 일깨우고 새로운 사회로 크게 변화해 나간다.

1890년 전후 미국 사회에 출현한 신기술 자동차의 영향을 살펴보자. 자동차가 시장에 출현하기까지 주요 이동수단은 단연 말(horse)이었다. 1890년 기준으로 수송 및 이동의 주요 수단이었던 마차 회사는 13,800여 업체가 있었다. 또한 수많은 마차 회사와 연계되어 있는 방대한 하위 연계 산업들, 말 양육, 말과 마차 관리, 말 사료, 말 관련 위생사업 등, 미국 경제와 말은 불가분의 거대 산업 시스템을 구성하고 있었다. 1913년 포드의 자동화된 생산 공정이 만들어지고, 사람들이 구매 가능할 정도의 저렴한 가격의 자동차가 등장하였다.

이에 당시 전문가를 비롯한 많은 사람들은 자동차의 출현으로 말 산업에 커다란 위기가 오며, 말 산업 침체로 경제에 큰 타격이 될 것이라는 비관론이 팽배했었다.

그러나 자동차가 사회에 나오면서, 교통비용이 대폭 절감하게 되었고, 이로 인해 교역과 생산요소 이동이 확대되기 시작하였다. 동시에 이동 폭이 넓어지면서 도시는 더욱 확대되기 시작하였다. 신기술인 자동차와 함께, 새로운 지식과 기술 진보가 이루어졌고, 동시에 거대한 지적 성장도 이루어지게 되었다. 당연히 노동 생산성은 크게 증가하게 되었다.

이에 전 세계를 무대로 하는 거대 회사들이 등장하면서, 다양한 영역에서 고용이 확대되었고, 엄청난 성과 과실은 모든 구성원들에게 배분되면서 사회 전체의 소득이 증가하게 된 것이다.

지금도 기술 혁신이 계속되고 있다. 그럼에도 불구하고 선진국에 편입한 국가들에 있어서 경제가 침체되거나 성장이 저하되고, 노동 생산성 또한 점차 하락하는 추세가 대세가 되어버렸다.

이러한 모습을 근간으로 사회를 뉴 노멀(New Normal)의 사회라고 하고 있으며, 이러한 뉴 노멀의 사회에서 새로운 성장 동력을 갈구하게 되었다. 이러한 생산성 향상과 효율성 제고에 대한 고민이 네 번째 산업혁명으로 전개되어 온 것이다. 따라서 더 많은 지식 습득과 혁신 노력이 치열하게 전개되고 있는 상황이므로, 우리들은 끊임없이 지식을 습득하며 나아가야 한다.

GDP와 노동 생산성 성장 추세

(In percent; purchasing power parity weighted)

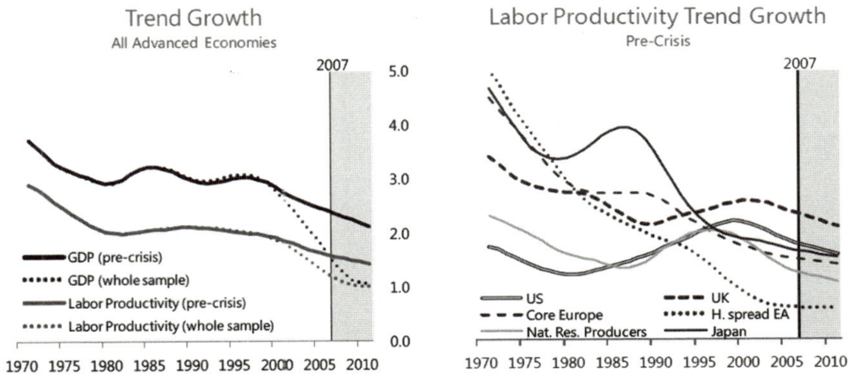

Sources: Penn World Tables; and IMF staff calculations.
Note: H. spread EA stands for euro area countries with high borrowing spreads.

변화주기가 빨라진 지금의 사회에서는 과거의 교육방식으로는 한계가 나타나게 되었고, 평생교육의 중요성이 더욱 대두되었다.

영국에서 발행되는 국제 정치 경제 문화 주간지인 *The Economist*에서는 미래 사회에 평생교육의 중요성을 〈학습과 소득(Learning and earning)(2017.1.14)〉이라는 제목의 특집 기사로 다뤄질 만큼 강조하고 있다. *The Economist*의 특집기사에서는 〈기술 변화는 교육과 고용 간의 관계를 더 견고하게 할 것이고, 더 지속적으로 이어갈 것이다〉라고 언급하였다.

따라서 지속적인 교육이 이루어지는 평생교육은 그만큼 더 중요해지고 있는 작금의 상황이라고 말할 수 있다. 현재의 기술 혁신을 따라잡을 수 있는 체계적인 양질의 교육이 이루어져야만 할 것이다.

이러한 상황에서 무엇보다도 중요한 것은 학습자의 자발성이라고 말할 수 있다. 자발적인 학습자의 교육성과에 대해서도 많은 연구보고서들이 제시하고 있듯이 무엇보다도 중요하다.

우리는 논어의 학이제일(學而第一)에서 공자가 지적한 학이시습지 불역열호(學而時習之 不亦說乎)를 생각해본다. 특히 핵심이 되는 것이 학이시습(學而時習)인데, 이는 〈배우고 때때로 익히면〉이라는 의미로 생각하면 되겠다.

이때 학(學)은 외부로부터 학습자에게 주어지는 교육 내용이라고 할 수 있다. 말하자면 학습자가 외부의 교수, 교사, 제3의 교육전수자로부터 필요한 교육 내용을 얻는 과정을 의미한다. 이 부분에 대해서는 수많은 사람들이 교육방법, 제도, 내용들에 대해 말을 해 왔으니 우리는 생략하고자 한다.

다만 그 다음에 나오는 시습(時習)에 대한 것이다. 때때로 익힌다는 의미인데, 익힌다는 것에서 학습자의 자발성이 매우 중시되는 것이다.

습(習)이라는 단어에는 흰 백(白) 위에 두 날개(羽; 우)가 있다. 이 글자에는 이제 날 준비를 하는 어린 새가 스스로 열심히 날개 짓을 해야 강인한 날개 힘을 얻고 창공을 훨훨 날아간다는 모습이 담겨있다.

자발적인 노력이 중시되는 말이다. 자발성은 적극성을 의미하며, 외부로 유입되는 지식을 나 자신이, 조직 자신이 습득해 나가는 과정이라고 할 수 있다.

개인적으로 지식을 습득하기 위해, 소리 내어 읽거나, 직접 손으로 많이 연습해 보거나, 외우거나, 또는 깊이 사색에 잠겨 생각하거나 하는 등의 노력들이 바로 습(習)을 위한 노력이다. 실습이라는 단어도 바로 직접 경험을 통하여 외부의 지식을 내 것으로 만들어 나간다는 의미를 가지고 있으니, 실습도 매우 중요한 습(習)을 위한 노력이라고 할 수 있다. 각 교육기관에서 보다 실질적인 습(習)을 위한 교육 시스템의 구축이 더욱 필요한 이유이기도 하다.

먼저 학습자가 자발성을 갖도록 동기 부여하는 것이 매우 중요하고, 이에 대한 노력과 함께, 학습자의 습(習)을 위한 새로운 혁신 제도도 고민해야 하는 것이 지금의 상황이라고 말할 수 있다.

참고사항 | 디지털 전환(digital transformation)

디지털 전환(digital transformation)에 대한 정의는 다양하게 존재하고 있지만, 일반적으로 ICT(Information & Communication Technology)기술을 활용하여 기업의 비즈니스모델, 전략, 프로세스, 시스템, 조직, 문화 등을 근본적으로 변화시키는 디지털 기반의 경영전략 및 경영 활동이라고 할 수 있다. 대표적인 디지털 전환의 사례로 세계 최대 커피전문점인 스타벅스(Starbucks)가 있다.

2008년도 글로벌 금융위기 무렵, 스타벅스는 무리하게 매장을 확대하고 있었고, 던킨도너츠와 맥도날드 등에서 저렴한 커피를 도입하면서 매출이 급감하기 시작하였다. 이에 스타벅스는 리워드(Reward), 개인화(Personalization), 결제(Payment)와 주문(Ordering)의 '디지털 플라이휠(Digital Flywheel)'을 중심으로 디지털 전환을 추진하기 시작하였다.

이후 스타벅스는 모바일 주문인 사이렌오더(Siren Order), 자체 모바일 결제 시스템인 스타벅스 페이, 멤버십 혜택(스타벅스 리워드) 등을 도입하였고, 2018년에는 차량 번호를 등록하여 드라이브 스루에서 자동 결제가 이루어지는 마이디티패스(My DT Pass) 서비스도 시작하였다.

출처 : 스타벅스 홈페이지

그 결과, 2018년 경쟁사들이 인건비와 재료비 상승 등의 이유로 커피값을 인상하였지만, 스타벅스는 디지털 전환으로 비용을 감소한 덕분에 커피값을 동결하기도 하였다.

2부

나이팅게일 따라하며 배우기

1

나이팅게일 따라하며 배우는 통계

생각하는 코너

만들어진 자료를 활용하는 방법을 알면 자료 획득이 쉬워진다!

데이터를 찾아 나서는 순간, 이미 통계는 시작되었다. 데이터는 어디에 있을까? 만약 여러분이 조금 더 관심을 기울인다면, 우리 주변에 무수히 많은 데이터가 있음을 알 수 있고, 조금 더 수고를 기울인다면, 더 많은 데이터를 접할 수 있다. 통계 데이터라고 하면 가장 먼저 떠올리는 정부기관은 통계청일 것이다. 통계청 사이트에 접속하여 필요한 데이터를 찾아보도록 하자. 실제 통계청 자료는 기업은 말할 것도 없고, 개인을 비롯한 모든 조직에서 예의주시하며 데이터를 찾는 사이트이다. 검색엔진(네이버나 구글 등)을 활용하여 통계청을 검색하면 통계청 홈페이지(https://kostat.go.kr/portal/korea/index.action)가 나온다. 그리고 대한민국 통계포털인 KOSIS 국가통계포털(https://kosis.kr/index/index.do)로 검색해도 좋다. 그곳에서 필요한 데이터가 있는 곳으로 이동하면 되는데, 우리나라 라면업계의 기업들 경쟁 상황을 알아보기로 하자.

어느 사이트가 되었든 간에 〈국내통계〉를 선택하고, 주제별 통계 항목에서 〈경제일반·경기〉를 선택하여 필요한 내용을 살펴보면 된다. 경제와 관련한 용어들을 어느 정도 알고 있으면 통계 파악이 더욱 쉬워진다.

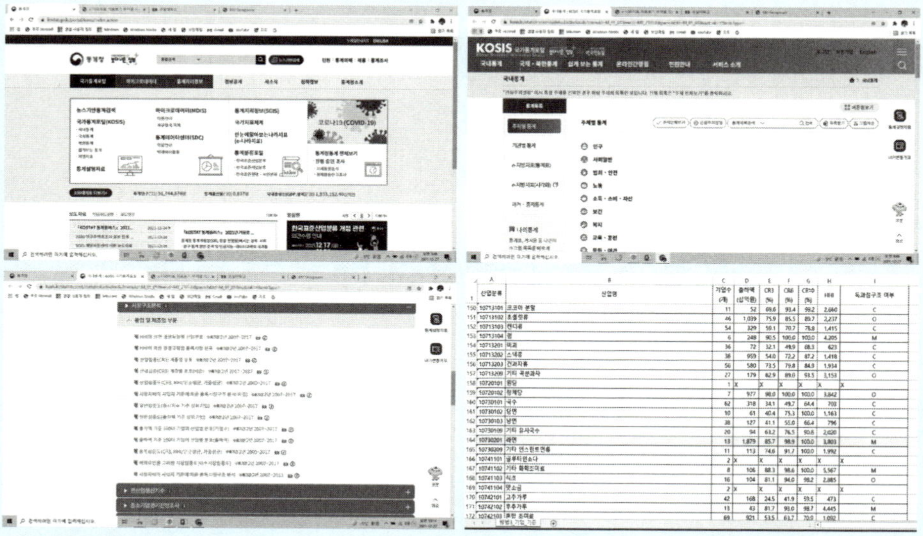

통계의 시작은 여러분들이 직면하고 있는 사건과 일에 대한 고민에서 시작하며, 본격적인 협의의 통계는 데이터를 획득하면서 시작된다.

그런데 통계를 이야기하면 먼저 골치가 아픈 평균이나 확률 계산 등을 먼저 떠 올리지는 않는지? 혹시 복잡하고 정리되기 어려운 수식이나 공식들이 머리에 떠오른다면 다 지워버리기 바란다. 우리는 여러분이 해결하고자 하는 사건과 일에 대한 이야기를 하고 있기 때문이다.

디지털화된 훌륭한 계산 도구나 프로그램들이 있고, 그것들을 잘 활용하면 원하는 결과를 얻을 수 있기 때문에 굳이 공식 등을 외우지 말 것을 권유한다.

이제는 통계하면 데이터를 떠올려야 하고, 어떻게 하면 필요한 데이터를 획득할 수 있을지를 고민해야 한다.

데이터는 어떻게 획득할 수 있는가?

잘 운영되고 있는 기업이나 조직에서는 데이터에 대한 인식이 체계화되어 있고, 이에 필요한 데이터를 수집하는 것이 별 문제가 없을 수도 있다. 그러나 일부에서는 우리가 필요로 하는 데이터가 없을 가능성이 많다. 하지만 데이터가 없는 상황이라고 해도 걱정하지 않아도 된다. 이 저서는 현재 데이터를 손에 쥐고 있지 않은 분들을 위한 책이고, 나아가서 데이터를 쥐고 있다 하더라고 통계의 안목을 더 키우려는 분을 위해 쓴 것이라고 생각하면 된다.

원하는 데이터가 현장에 없을 경우, 우리는 가장 먼저 고민할 것이 있다.

어떻게 데이터를 수집해야 하는가보다 더 중요한 것은, 먼저 어떤 데이터를 얻어야 하는지를 물어봐야 한다.

그렇기 때문에 우리는 무엇을 알아야 하는가?

무엇을 결정해야 하나?

우리가 알고 싶은 것이 무엇인지?, 우리가 해결하고자 하는 것이 무엇인지를 먼저 알아야 한다. 말하자면 데이터 수집으로 해결하고자 하는 현장의 사건이나 일에 대한 이해로부터 시작해야 한다.

통계의 목적은 사건이나 일의 해결에 있기 때문이다.

이것을 이해하기 위해 우리는 나이팅게일이라는 역사적 인물을 찾아보고, 나이팅게일이 했던 것을 살펴보도록 하자.

1853년 지금도 분쟁의 여지가 많고, 전쟁이 벌어져 러시아가 차지해 버렸던 우크라이나 흑해 북부의 크림(크름으로 말하여도 좋다) 반도에서 전쟁이 발생하였다. 러시아는 크림반도를 기반으로 세력을 확대하기 위해 남하정책을 펼쳤고, 이것을 제지하기 위해 오스만제국과 동맹국이 연합하여 러시아와 전쟁을 하게 된 것이다. 이 무렵, 나이팅게일은 자원봉사자 38명과 함께 영국군 야전병원 간호사로 자원하였다. 이후 나이팅게일은 크림 전쟁 당시에 조성된 나이팅게일 기금을 이용해서, 1859년 〈나이팅게일 간호학교〉를 설립했고, 같은 해에 펴낸 〈간호론〉은 간호학의 고전이 되었으며, 1869년에는 〈여성 의과대학〉을 설립하는 등 많은 활동을 이루어 낸 인물이었다.

우리는 1854년 당시, 나이팅게일이 영국군 야전병원에서 행한 일들을 살펴보고자 한다.

앞에서 언급하였듯이 통계는 서구 사회 지식인 또는 상류계층에서 기본적으로 수학하였던 지식이었고, 나이팅게일 역시 어느 정도 통계와 관련 지식을 습득한 것으로 보인다.

봉사와 간호에 대한 지식과 열정도 높았던 나이팅게일은, 야전병원의 심각한 불결 상태에 놀라게 되었다. 그리고 야전병원에 들어온 환자의 42%가 사망하는데, 전쟁터에서 얻은 상처로 인한 직접적인 사망보다는 위생이 전혀 이루어지지 않아 불결한 환경의 야전병원에서 얻은 질병으로 병사들이 죽어가는 것을 발견하게 된다. 이러한 상황에서 나이팅게일은 불결한 환경에 의한 사망을 먼저 생각하고 있었을 것으로 판단된다.

아무튼 나이팅게일은 보다 구체적인 정보를 얻기 위해 데이터를 수집하였다. 병사들의 치료와 관련된 자료들을 정리하여 병사별 의무기록표를 작성하였다.

의무기록표에는 사망이라는 사건(영어로 event로 정리)을 중심으로, 사망의 원인 속성을 부상, 질병, 기타, 그리고 퇴원 등의 항목으로 설정하였다. 의무기록표에는 병원에 들어온 각 병사들에 대해 입원, 부상, 질병, 기타, 사망, 퇴원 등의 항목들을 작성하도록 하였다.

이후 병사들의 의무기록표에 나타난 데이터를 기반으로 각 항목들에 대한 빈도를 계산하였다. 이 빈도를 통해서 나이팅게일은 불결한 야전병원에서 얻은 질병으로 병사들이 죽어가고 있음을 확인하게 되었다.

나이팅게일은 여기서 끝난 것이 아니라, 이 데이터를 가지고 여러 사람들이 쉽게 알 수 있도록 시각화하였다. 병사들의 사망원인별 도표를 작성한 것이다. 이것은 뒤에 Rose Diagram으로 알려진 파이 도표와 유사한 형태를 가지고 있는 도표이었다.

병사들의 사망 원인을 알기 쉽게 표현한 Rose Diagram으로 야전병원에 대한 개선 방안을 제시한 것이 언론과 의회의 조명을 받게 되고, 국방장관과 여왕까지 설득하여 야전병원의 환경을 개선하게 되었고 사망률도 2.2%로 급감하게 되었다.

나이팅게일은 현장에서 직접 데이터를 얻으려고 하였다. 이것은 지금도 데이터를 얻고자 하는 우리에게 시사해 주는 바가 크다.

우리는 나이팅게일에게서, 먼저 야전병원에서 벌어진 사건, 즉 사망에 대해 고민을 많이 하였다는 사실을 알 수 있다. 그래서 우리는 나이팅게일이 사망의 원인으로 야전병원의 불결한 환경으로 인한 질병을 지목하고 있었을 것으로 판단된다. 그렇게 나름대로 가정하였다는 것이다. 말하자면 가설을 정한 것이었다.

그래서 의무기록표를 통하여 병사들을 사망에 이르게 하는 원인을 파악하였다. 의무기록표라는 측정 도구를 통하여 필요한 데이터를 직접 수집한 것이다. 이때 사망원인들을 빠짐이 없도록, 중복되지 않도록 설정한 것도 유의할 필요가 있다. 이는 측정에 있어서 가장 기본적인 사항이다.

그리고 데이터 수집이 끝난 후, 나이팅게일은 각 항목들에 대한 간단한 집계를 통하여 자신만의 가설을 확인한 것으로 보인다.

더 중요한 것은 이 결과를 누구든지 쉽게 알아보도록 시각화하였다는 사실이다. 그 당시 이러한 그래프를 그렸다는 것은 통계에 대한 안목과 함께, 빈도에 대한 비례적 디자인은 기가 막힌 것이었다. 그 시각화 디자인은 모두에게 어필되었고 야전병원의 환경 개선까지 도모하게 된 것이다.

누구든지 나이팅게일이 했던 방식대로 접근한다면, 기본적인 혁신 대안을 찾아낼 수 있다. 이러한 문제해결 방식은 이후 창의력을 높이며, 생각과 관점을 바꾸는 계기를 만나는 교육방식으로 확대되었다.

첫째, 우리가 처해 있는 사건과 일에서 무엇이 문제인가? 왜 그 사건과 일을 해결해야 하는가? 그 사건과 일을 해결한 후, 우리가 얻을 수 있는 것은 무엇인가?

둘째, 사건과 일의 문제를 명확하게 이해하기 위해 사전 조사를 실시하고, 필요하다면 가설을 세울 수도 있다.

셋째, 해결하고자 하는 문제(또는 사건)와 그 문제의 특성(변수)을 파악하고, 이것을 잘 설명하는 모형을 설정하거나 데이터를 측정하기 위한 목록을 만든다.

넷째, 해당 문제(또는 사건)와 특성(변수)에 대한 자료를 수집한다.

다섯째, 수집된 해당 문제(또는 사건)와 특성(변수)에 대한 자료를 분석한다.

여섯째, 분석한 자료를 모두가 잘 알아볼 수 있도록 시각화하고, 가설을 토대로 문제 해결방안을 제시한다.

통계학은 그 목적이 무엇이든 올바른 의사결정을 하고자 한다. 그렇다면 올바른 자료를 확보하는 것이 가장 기본이 되고, 나이팅게일이 했던 것처럼 자료를 수집하면 된다.

여기에서 데이터는 알고 싶은 속성(변수)과 그 속성에 대한 값들이라고 할 수 있다.

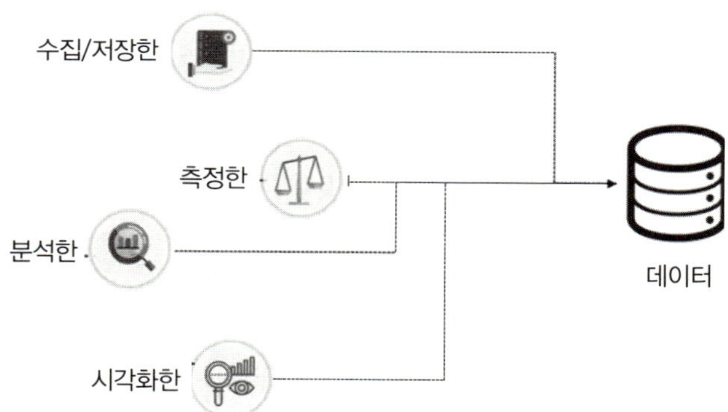

즉, 특정한 사실에 대해 자료를 수집·저장하거나, 측정하며, 분석하고, 간단하게 시각화하여 요약한 여러 사실들과 수치(관찰치)들을 데이터라고 하며, 특정 연구를 위해 수집한 전체 데이터들을 데이터 집합(Dataset)이라고 한다.

데이터에 대한 이해가 되었다면, 알고 싶은 속성을 어떻게 측정하느냐가 중요한 다음 단계가 된다.

측정은 특정한 사실들의 내용을 우리가 다룰 수 있는 숫자로 전환할 것인가의 문제이다. 이러한 측정 과정을 Scale(척도(尺度) 또는 측도(測度))이라고 한다.

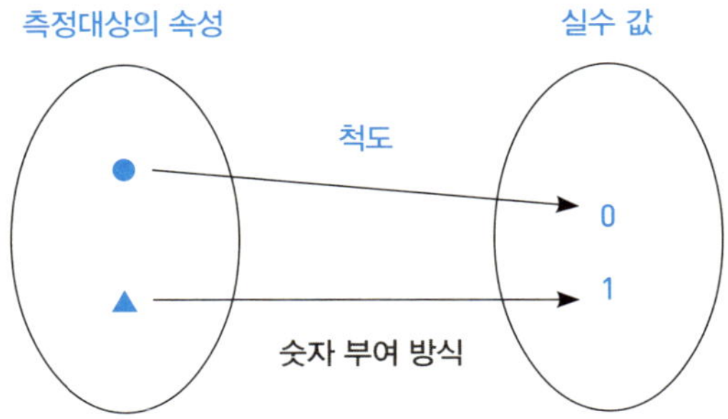

수치 데이터는 수치를 부여하는 방식인 Scale 과정을 통해 나타난다. 이렇게 하기 위해서는 측정 표준이 정해져 있어야 하고, 측정하는 대상에 대해서 동일한 조건을 만들어 주어야 한다. 이 과정은 육상 선수들의 기록을 측정하는 것과 유사하며, 공식 기록이라는 것은 동일한 조건에서 측정한 것으로 보면 된다.

수치를 부여하는 방식인 척도에 따라서 수치 정보의 정밀성이 달라지고, 그에 따른 명칭은 다음과 같다. 그리고 우리는 분석하는 대상에 따라 필요한 척도를 적용하면 된다.

척도	수치 의미	적용가능분석	예	특성
명목	확인 분류	빈도, 교차분석 등	성별, 유형 분류	질적
서열	순위 비교	서열 상관, 비모수통계 등	선호순위	
등간	간격 비교	모수 통계	태도, 의견, 인지도	양적
비율	절대크기비교	모수 통계	매출액, 나이, 점유율	

우리가 여론 조사를 비롯하여 연구 조사에서 주로 행하는 설문 조사 또한 엄밀한 의미에서 제대로 측정할 수 있도록 설계되어야 한다. 만약 조건이 다르면 그것은 다른 측정이라고 해야 한다.

2012년, KTX 민영화와 관련된 상반된 두 가지 여론조사가 실시되었다. 하나는 국토부에서 실시한 여론조사였고, 다른 하나는 한겨레신문과 한국사회여론연구소(KSOI)에서 실시한 여론조사였다.

국토부에서는 〈정부에서는 독점을 완화하고 요금 인하와 서비스 개선 등을 위해 항공, 고속버스 등과 같이 철도 운송 시장에 경쟁 도입을 추진하고 있다〉면서 이에 대한 여론을 묻는 방식이었다. 여론 조사의 결과는 찬성 64.5%, 반대 35.5%이었다.

한편 한겨레신문과 한국사회여론연구소(KSOI)가 실시한 여론조사는 〈정부는 서울 수서에서 출발하는 KTX 노선을 민간에 운영을 맡기는 민영화를 추진하고 있다. 이에 대해 어떻게 생각하느냐?〉라는 것이었고, 조사 결과는 찬성 23%, 반대 66%이었다.

여러분은 두 가지의 여론조사들을 보면서 어떠한 생각이 드는가?

각각의 여론조사를 가지고 상반된 주장을 하게 된 것이다. 사실은 앞에 말했듯이 이 둘은 서로 다른 조건의 조사라 할 수 있다. 전자는 경쟁체제를 도입하겠다는 것이고, 다른 하나는 민영화를 물은 조사이다. 이 둘은 서로 보완하여 살펴볼 필요가 있다. 이처럼 여론조사는 자신들이 원하는 방향으로 유도할 수 있기 때문에 엄밀하게 설계되어야 함을 더욱 실감하게 된다.

이후 이들의 결과는 코레일에서 운영하는 KTX와 민간투자사업체인 주식회사 SR에서 운영하는 SRT라는 두 개의 고속철도로, 국내고속철도가 두 개로 분할되어 운영되고 있다. 그러면서 매우 어정쩡한 모습으로 경쟁하고 있는 것처럼 보인다. 마치 두 설문조사 모습처럼.

설문 문항의 표현 차이에 의해서 얼마나 많은 다른 결과가 나타난다는 것을 알아 둘 필요가 있다. 그래서 여론조사를 시행할 때, 설문 문항의 작성은 매우 조심해야 한다. 만약 조사 설문의 표현에 이념적으로 편향되거나, 일방에게 유리한 표현으로 조사를 시헝한다면 곡필아세(曲筆阿世)의 결과가 나타난다는 사실을 우리는 너무 많이 보아왔다.

다음 설문 표현에 따라서 낙태 찬성에 대해 얼마나 많은 차이가 있는지를 살펴보도록 하자. 설문 표현 방식에 따라 응답자들의 반응은 너무나 차이나고 있는 것이다.

설문 표현 내용	찬성(%)
건강이 임신에 의해 심각하게 위협을 받을 경우	92
강간을 당하고 임신을 한 경우	83
아기에게 심각한 장애의 가능성이 큰 경우	82
결혼한 여성으로 더 이상 자녀를 원하지 않는 경우	47
가족의 수입이 매우 적어서 더 이상 자녀를 부양할 수 없는 경우	47
미혼여성으로 상대 남자와 결혼을 원하지 않는 경우	45
어떤 이유에서든 여성이 원하는 경우	45

이것을 통해 우리는 데이터를 획득하기 전, 왜곡된 표현이나 유도하는 표현으로 대중의 의견을 편향하는 것을 삼가야 하는 것을 알 수 있다. 그래야 본연의 통계 목적으로 나아갈 수 있음을 명심해야 한다.

한편, 우리가 측정한 결과로 데이터를 정리할 때, 사전에 데이터 구조 관계(relation)를 고려하여 체계화할 필요가 있다. 가장 중요한 것은 데이터를 구할 사건 주체와 특성이다. 나이팅게일 사례로 말하자면 사건 주체는 병사이며, 특성은 사망과 관련된 항목들이다.

자료를 얻고자 하는 사건과 주체 또는 대상을 event, entity, instances, examples, objects 등으로 언급하고 있는데, 다소 미세한 차이가 있지만, 같은 의미인 것을 알아 둘 필요가 있다. 자료 정리는 보통 데이터베이스로 정리되기 때문에, 데이터베이스 용어로 instances, examples, objects 등이 언급되고, 모두 사건 주체 또는 대상을 의미한다.

다음은 엑셀로 정리된 데이터 조합(dataset)의 일부이다. 엑셀은 데이터베이스 구조 중 관계형 데이터베이스(relational database) 구조를 사용한다고 알아두면 좋다. 그래서 엑셀로 자료 정리하는 습관을 갖는 것은 좋은 습관이 될 수 있다.

event, entity는 사건의 주체 또는 대상으로 행(row)에 표현된다. 이것을 데이터베이스 용어로 표현하면, record 또는 tuple이 된다. 이는 설문 조사 결과로 본다면, 설문지 전체가 열에 표현된다.

그리고 사건(대상)으로부터 찾고자 하는 특성(또는 속성)은 열(column)에 변수(variables) 이름으로 표현되는데, 이를 속성(attributes), 특성(features) 등으로 지칭하기도 한다. 설문지 내에 있는 각 항목들이 변수로 행에 기록된다. 이에 본인이 잘 인식할 수 있는 변수 이름을 설정하는 것이 좋을 것이다.

이렇게 데이터를 체계화하여 데이터베이스로 정리하면 이후 보다 구체적인 분석을 할 때 유용하게 사용할 수 있다.

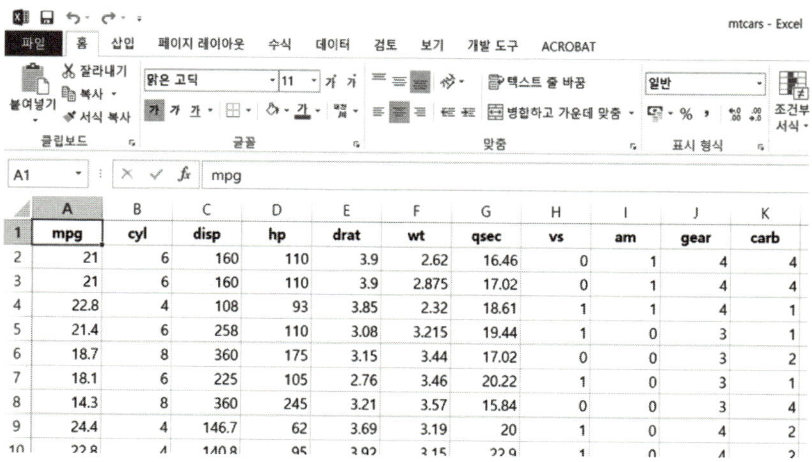

	A	B	C	D	E	F	G	H	I	J	K
1	mpg	cyl	disp	hp	drat	wt	qsec	vs	am	gear	carb
2	21	6	160	110	3.9	2.62	16.46	0	1	4	4
3	21	6	160	110	3.9	2.875	17.02	0	1	4	4
4	22.8	4	108	93	3.85	2.32	18.61	1	1	4	1
5	21.4	6	258	110	3.08	3.215	19.44	1	0	3	1
6	18.7	8	360	175	3.15	3.44	17.02	0	0	3	2
7	18.1	6	225	105	2.76	3.46	20.22	1	0	3	1
8	14.3	8	360	245	3.21	3.57	15.84	0	0	3	4
9	24.4	4	146.7	62	3.69	3.19	20	1	0	4	2
10	22.8	4	140.8	95	3.92	3.15	22.9	1	0	4	2

2

나이팅게일이 그린 기막힌 시각화

생각하는 코너

키워드로 세상의 추세를 알아보자!

데이터가 거대하게 집적되는 가운데, 빅데이터 통계분석은 향후 여러 부문에서 필요한 역량으로 추정되고 있다. 그런 가운데, 구글, 네이버 등의 검색 엔진에서 또는 KOSIS 국가통계 포털 등 공공기관 사이트 등에서 필요한 키워드로 설정 기간과 설정 지역에 따라 키워드 조회 횟수를 통하여 추세를 확인할 수 있다. 구글은 구글 트렌드 등에서, 네이버는 네이버 데이터랩 등에서 키워드 검색량을 기반으로 추세(trend)를 파악할 수 있다.

일반적으로 제품 및 서비스와 관련된 트렌드, 현재 광고를 게재하고 있지 않은 검색 수요의 영역을 통하여 성장 기회를 파악하고, 검색 관심도의 변화로 소비자 행동 변화에 대응할 수 있는 모습들이 제시되고 있다.

〈사람들은 자기가 관심 있는 것을 더 많이 검색한다〉라는 기본 가정에 의해 해당 키워드의 검색량이 많을수록 그만큼 인지도가 높다는 것을 의미하지만, 인터넷을 통제하는 지역에서는 신뢰도가 떨어질 수도 있다.

여러분들도 이것들을 이용하여 추세를 알아보면서 세상에 대한 직관력을 키워보기 바란다. 다음의 사례는 datamining, data science, big data, machine learning을 검색어로 전 세계 추세를 2004년부터 현재까지 추세를 살펴본 것이다. 이를 통해 여러분은 무엇을 생각할 수 있을까?

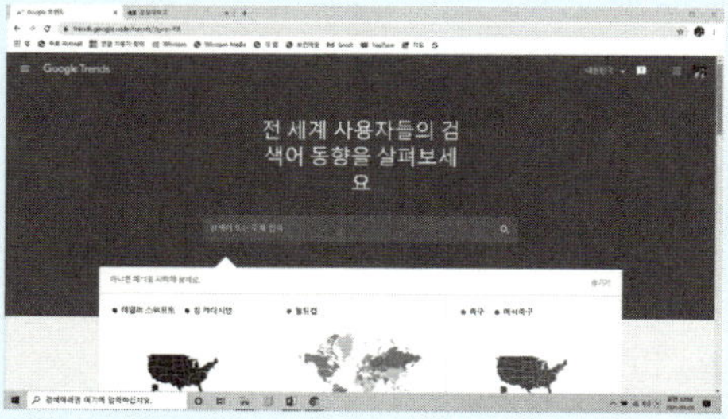

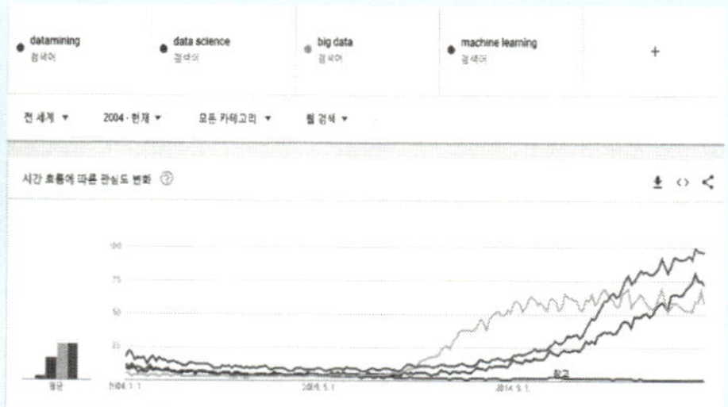

우리는 나이팅게일이 했던 방식에 따라, 가장 간단하지만, 사건의 특성을 가장 쉽게 파악할 수 있는 방법을 알 수 있었다. 말하자면 우리가 파악하고자 하는 사건 또는 일에 대한 속성을 정리하고, 속성의 빈도를 조사하는 것만으로도 매우 훌륭한 통계를 할 수 있음을 확인할 수 있었다.

그런데 문제는 조사한 내용을 가장 알기 쉬운 모습을 전달하는 것이다. 그것은 지금의 빅데이터 분석의 최종 단계에서 가장 중요시되는 시각화(visualization)이다. 시각화는 소통의 중요한 과정이기에 얼마나 핵심의 내용을 간결하게 전달할 수 있느냐의 문제와 직결된다.

다음 그림은 나이팅게일이 제시한 시각화 그래프이며, Rose diagram으로 알려져 있다. 그 당시에서도 대단하게 느껴지는 시각화 디자인이다. 빈도를 면적으로 표현한 것인데, 전체적으로 장미(rose) 모습을 닮았다고 하여 Rose diagram이라고 붙여졌다.

나이팅게일은 사망원인 그래프로 이름을 붙였다. 1854년 4월부터 1년 단위로 그래프를 작성하였고, 시간은 오른쪽에서 왼쪽으로 진행되도록 표시되었다. 화살표는 이해할 수 있도록 저자가 일부러 표시한 것이다.

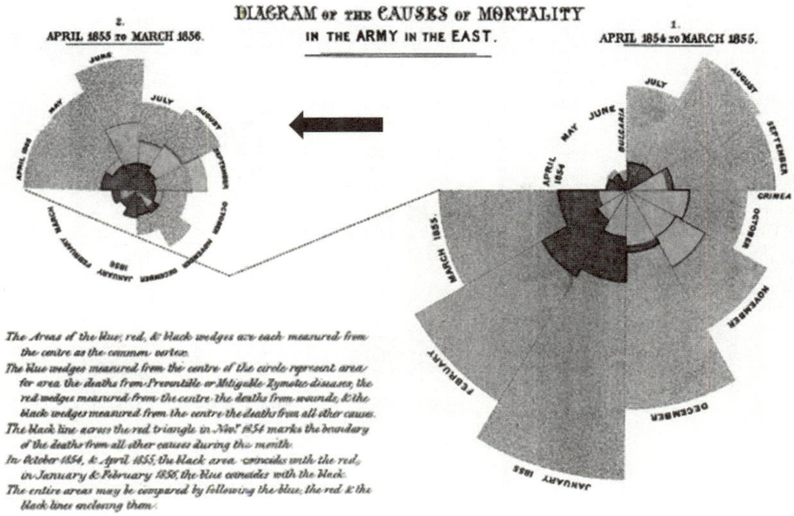

그림의 색깔이 바래졌지만, 사망원인 중 질병은 푸른색, 부상은 빨간색, 기타는 검은색으로 표현되어 있다. 이 그래프는 누가 보더라도 사망원인으로 질병의 빈도가 가장 많다는 것을 알 수 있다.

이 내용은 영국 언론과 의회를 움직이게 하였으며, 야전병원의 환경이 개선되었고, 그 결과로 병사들의 사망 수가 엄청나게 개선되었다는 것도 알 수 있다. 구체적인 수치가 나타나지 않더라도, 나타난 면적만으로도 상황을 직관적으로 알 수 있다는 점이 대단하다는 것이다. 그것도 1854년도의 일이다.

여러분들은 어떠한가?

많은 세월이 지나고, 통계 지식과 기술이 발전하였으며, 인공지능과 빅데이터 시대로 들어와 있어도 시각화는 대단히 중요한 부분이다. 우리는 통계의 일부 평균과 분산 등의 계산에 빠져 가장 중요한 것을 놓쳐서는 안 된다.

통계는 지식 탐구의 결과로 나타난 것이라고 언급하였지만, 탐구한 지식을 사람들과 소통하는 것도 대단히 중요하다.

그리고 소통의 가장 확실한 도구는 사람들을 움직이는 그래프를 작성하는

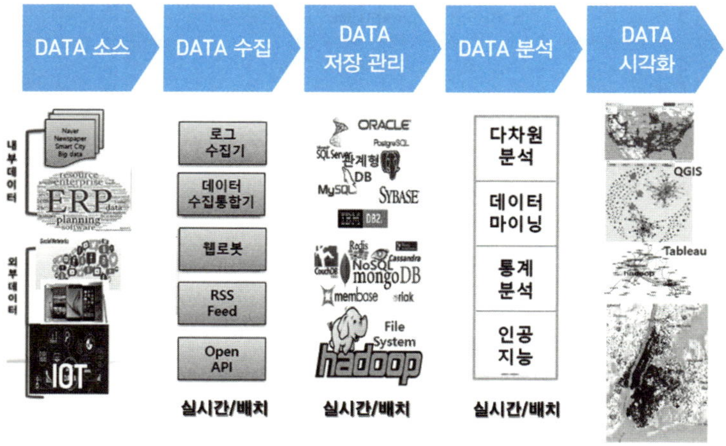

것이다. 그런 측면에서 나이팅게일은 자신의 주장을 가장 제대로 소통한 사람이라고 할 수 있다.

위 그림은 빅데이터 분석과정인데, 이 과정을 살펴봐도 일반 통계 처리 과정을 넘어서지 않는다. 데이터양이 엄청난 것이라는 것을 뺀다면, 데이터를 수집하고, 저장/관리하며, 분석하고 난 후, 적절한 소통 도구로 필요한 시각화를 할 필요가 있음을 알 수 있다. 빅데이터라는 특성 때문에 데이터 소스(source)로부터 시각화에 이르기까지 일반적인 통계 처리 방식으로는 힘들기 때문에, 더욱 세심한 노력들이 필요하다는 점이 다를 뿐이다.

최근 인공지능 처리와 함께 크게 주목을 받고 있는 언어인 파이썬(Python)이나, 통계학의 진화 영역인 Data Science에서 데이터 처리에 전문화되어 있다는 R 언어가 시각화를 위한 그래프 작성이 매우 탁월하다는 점은 바로 이러한 소통의 중요성이 내포된 것이라 보면 된다.

통계를 처음 배우는 이들은 사건의 빈도를 그래프로 작성하기 위해, 막대그래프나 다각형 그래프(일명 꺾은선 그래프), 또는 원형의 파이 그래프 등을 떠올릴 수가 있을 것이다. 아마도 데이터의 정보를 다양하게 담고 있다는 다음과 같은 상자-수염 그래프(box-whisper plot)를 머릿속에 그리고 있을지도 모르겠다.

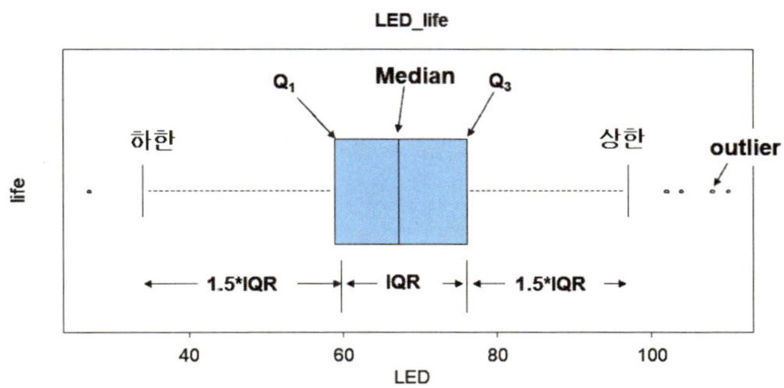

그림 속에 있는 내용들을 음미해 보면, median은 중앙값이고, Q_1, Q_3은 제1사분위수, 제3사분위수이다. 그리고 IQR(interquartile range)은 사분위편차로 제3사분위수와 제1사분위수의 편차를 의미한다. outlier는 이상값이라고 하며, 설정한 상·하한에서 벗어난 값을 말한다. 이 그림이 어려워 보이고, 별 쓸모가 없을 것처럼 보일 수도 있다. 하지만 이 그림을 옆으로 세워보면 어떨까?

보이는가? 제품의 품질을 통제할 수 있는 그래프가 된다는 사실을!

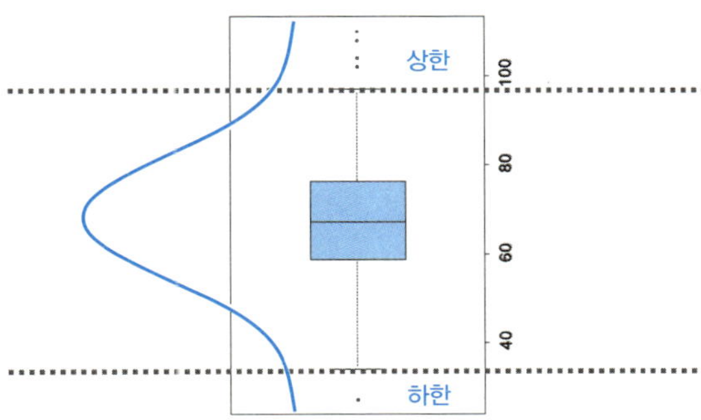

나이팅게일도 어쩌면 막대그래프를 생각했을 수도 있었을 것이고, 파이 그래프를 생각하였을 수도 있었을 것이다. 그런데 기막힌 Rose Diagram을 제시하였고, 그 의도는 크게 성공한 것이다.

어떻게 디자인해야 시각화의 극대를 이룰 수 있을까? 이 부분은 제법 많은 고민이 필요한 부분이다. 만약, 어렵게 느껴진다면, 부지런한 많은 이들이 이미 작성한 시각화 디자인들을 참고하는 것도 매우 좋은 방법이다.

2019년 기업들의 세계 브랜드 지수를 표현한 시각화 사례를 보자. 여러분들이 보더라도 다른 설명이 없어도 직관적으로 쉽게 간파할 수 있을 것이다.

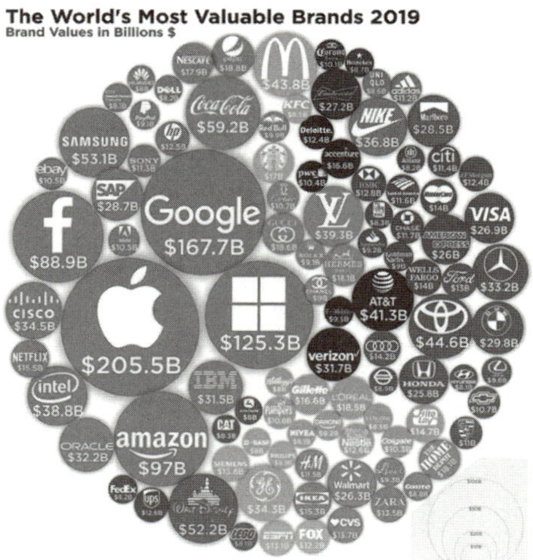

데이터 파악을 위해 시각화 작업을 수행하기도 하지만, 최종적인 시각화하고는 차이가 있다. 데이터 파악을 위한 시각화 단계의 목적은 다양한 시각화를 통해 데이터를 더욱더 잘 이해하고자 하는 데 있다. 이 과정을 지나면 본격적인 분석에 들어간다. 기존의 통계분석 기법은 말할 것도 없거니와, 현재 기계학습에서 사용하고 있는 여러 가지 모형화 및 분석 기법들을 통해 데이터의 특성을 더욱더 세밀하게 분석하게 된다. 이러한 과정을 거쳐 최종 소통을 위한 시각화를 시행하게 된다.

신기술과 신지식을 접목한 Data Science이지만, 나이팅게일이 수행한 기본 틀을 결코 넘어서지 않는다는 사실을 깨달을 필요가 있다.

참고사항 | 빅데이터(Big Data)

데이터는 과거에도 존재하고 있었지만, 1990년대 기업들이 쌓여있는 데이터에 관심을 갖고 활용하면서 데이터가 기업의 자산이 되기 시작하였다. 그리고 최근 통신 인프라 발전(통신망 환경 개선과 5G 개통 등), 스마트폰 보급의 대중화와 트위터, 블로그, 페이스북과 인스타그램 등의 SNS 시장이 활성화되면서 빅데이터에 관심은 고조되었고, 서서히 빅데이터 시대가 도래하기 시작하였다.

글로벌 컨설팅 그룹인 매킨지 글로벌 연구소(MGI, McKinsey Global Institute)에 따르면, 빅데이터는 기존 데이터베이스 관리도구로 데이터를 수집, 저장, 관리, 분석할 수 있는 역량을 넘어서는 대량의 데이터를 의미한다. 그리고 가트너(Gartner)는 빅데이터를 대용량(high volume), 빠른 속도(high velocity)와 매우 다양한(high variety) 정보자산으로 강화된 의사결정, 통찰력의 발견 및 공정 최적화를 위해서 새로운 형태의 처리가 필요한 것이라고 재정의하였고, 현재는 가장 일반적인 빅데이터 정의로 많이 사용되고 있다.

이제 빅데이터의 특징을 살펴보도록 하자.

① 대용량(high volume)

기존 기술로는 분석이나 관리가 쉽지 않는 데이터양을 이야기하며, 일반적으로 수십 테라바이트(TB, terabyte) 혹은 수십 페타바이트(PB, petabyte) 이상의 데이터를 말하지만, 요즘은 10테라바이트 이상의 데이터를 말한다. (보통 1페타바이트는 DVD 영화(약 6GB) 17만4,000편을 담을 수 있는 용량을 의미한다.) 이러한 대용량의 데이터는 큰 저장공간, 오랜 처리시간과 분석시간이 요구된다.

② 빠른 속도(high velocity)

앞에서도 언급한 것처럼 통신 인프라 발전과 스마트폰 보급 등으로 인해 데이터는 과거와 다르게 매우 빠른 속도로 생산되고 있다. 이에 빅데이터 시대에서는 빠른 속도로 쌓여가는 실시간 데이터를 최대한 빠르게 처리하고 분석할 수 있는 능력을 요구하고 있다.

③ 높은 다양성(high variety)

데이터는 정형화 정도에 따라 정형 데이터, 반정형 데이터와 비정형 데이터로 구분된다. 정형 데이터라고 하는 것은 고정된 필드에 저장되는 데이터를 의미하는데, 일반적으로 엑셀 파일에 저장되는 테이블 형태의 데이터를 생각하면 된다. 반대로 비정형 데이터는 고정된 필드에 저장되지 않는 데이터를 의미하며, 사진과 동영상 등을 생각하면 된다. 일반적으로 빅데이터라고 하면 사진, 동영상과 음성 등의 비정형 데이터를 포함한 데이터를 말한다.

3

통계는 참을 찾아가는 과정이다

생각하는 코너

디지털 전환으로 시장과 사회의 가치가 달라졌다!

21세기를 들어오면서 디지털 시대가 시작되었고, 코로나19로 인해 디지털 시대로의 전환은 가속화되었다. 회사가 아닌 집에서 업무를 보는 시간이 길어졌고, 회의는 대면에서 화상으로 대체되었으며, 학생들은 등교를 하지 않고 인터넷 강의나 학습을 진행하는 것이 일상이 되었다. 대표적으로 식당을 보면, 직원들이 고객의 주문을 직접 받지 않고 키오스크(kiosk)를 활용하는 곳들이 점차 증가하고 있으며, 심지어 서빙 인력을 대체하기 위해 로봇을 활용하는 식당도 생기고 있다. 대표적으로 애슐리 일부 매장에서는 고객들이 먹고 난 식기를 받아가는 서빙로봇을 운영하고 있다. 고객들이 음식을 먹은 후, 테이블 위에 있는 호출 벨을 누르면 서빙로

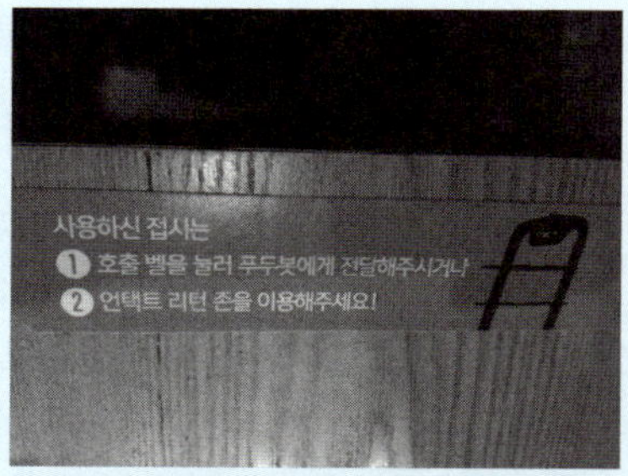

봇이 오고, 고객은 로봇을 통해 접시를 반납할 수 있다. 이러한 상황에서 이제 디지털 준비가 덜된 국가나 기업, 사회는 경쟁의 대열에서 서서히 낙오되고 있는 모습도 보이고 있다.

이러한 모습은 주식시장에서 더 뚜렷하게 나타나고 있으며, 쉽게 찾아볼 수 있다. 미국 주식시장의 대표적인 on-line 기업인 아마존을 살펴보면, 2000년대 off-line의 강자인 월마트와 상대가 되지 않았던 기업이었지만, 2015년에 들어서면서 월마트를 아득하게 따돌리게 되었다.

그리고 2020년 5월 들어서면서부터는, 환경문제로 시작된 자동차의 디지털화로 일컫는 전기 자동차의 테슬라가 세계 부동의 내연기관 자동차 회사 도요타의 가치를 추월하고 큰 폭으로 따돌리는 현상도 발생하고 있다.

그것뿐만 아니라, 진화된 디지털 전환의 강세가 사회와 경제 곳곳에서 발현되면서, 기존의 국가 서열도 뒤흔들어 놓고 있는 실정이다. 특히 한국과 일본의 디지털 대비 상황은 가전, 반도체, 조선, 심지어 문화 산업뿐만 아니라 사회 전반을 바꾸어 놓고 있다는 사실은 우리들에게 더 많은 생각을 하게 한다.

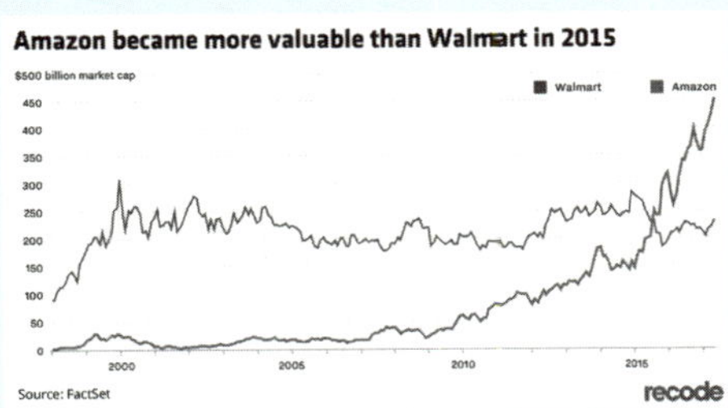

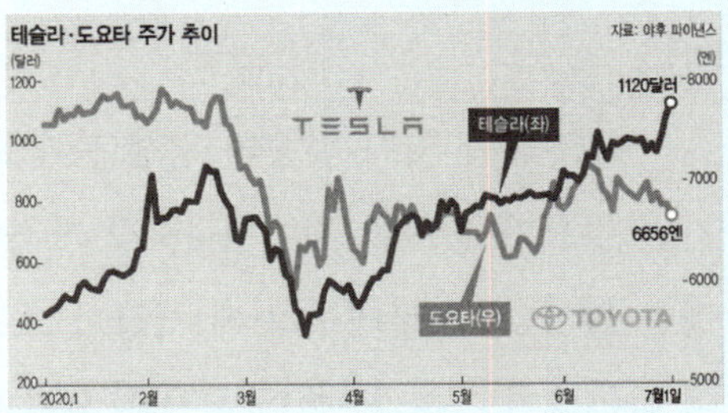

우리 대한민국은 자유 시장 경제를 바탕으로 하는 자본주의 경제 체제 속에서 자유롭게 경쟁하고, 혁신의 노력을 다하며 경제를 성장시켜 왔었다. 이러한 시장과 사회의 발자취는 통계로 고스란히 남게 된다.

그리고 우리 사회뿐만 아니라 전 세계가 글로벌 경제 네트워크로 연계되어 있으며, 글로벌 경제의 영향을 벗어날 수 없는 상황이다. 이에 글로벌 공급망에 문제가 발생하면 고스란히 그 문제를 안아야 하는 리스크도 동시에 가지고 있는 것이다. 최근 중국에서 시작되어 한국과 일본 등에서 발생한 요소수 대란과 러시아발 가스대란 등이 대표적인 사례이다.

세계적인 글로벌 공급망 속에 있는 우리 대한민국 자체도 큰 시장이지만, 그 안에 수많은 다른 시장들이 혼재하며, 어우러져 성장의 가도로 나아가고 있다.

그 많은 시장을 일통하는 한 가지는 수요-공급의 원리를 벗어나지 않는다는 것이다. 그것은 바로 자유 시장 경제라는 틀 속에서 이루어지고 있으며, 경제 단위가 과거와는 달리 경제 규모가 매우 크고 글로벌화되어 있기 때문에, 어느 누군가가 좌지우지할 수 있는 상황이 아니다. 그리고 시장 개입을 잘못하게 되면, 그만큼의 시장 앙화가 나타난다는 사실도 반드시 알아둘 필요가 있다.

시장 개입에 대해 서로 상반된 의견을 가지고 있는 이념 집단들이 있지만, 어느 누구도 간과해서는 안 되는 사실이 크고 작든 모든 시장에는 수요-공급의 원리가 어김없이 적용되며, 치열한 경쟁 관계로 진행된다는 사실을 알아야 한다.

수요-공급 역시 일종의 경쟁 관계로 이해할 필요가 있다. 시장 가격이 내려가면 수요가 증가할 것이고, 시장 가격이 올라가면 수요가 감소한다는 것은 자명한 일이다. 그런데 여기에 시장이 요구하는 항목이 추가되면, 조금 다른 상황이 나타나기도 한다. 이런 현상은 우리가 다시 살펴봐야 한다.

디지털 세상으로 변화되어 온지도 오래되었지만, 사례에서 제시하였듯이 테슬러와 아마존 주가의 변동은 디지털 전환이 기업과 사회 곳곳에서 심화되면서, 뚜렷한 변화가 실제로 이루어지고 있음을 확인해 주고 있다. 이러한 상황에서 디지털 준비가 덜된 국가나 기업, 사회는 경쟁의 대열에서 서서히 낙오될 수밖에 없음을 보여주는 데이터이기도 하다.

중국 우한에서 시작된 코로나19는 우리들을 더욱 디지털 세계로 밀어 넣고 있다. 그리고 진화된 디지털 전환의 강세가 사회, 경제 곳곳에서 발현되면서, 기존의 국가 서열도 뒤흔들어 놓고 있는 모습을 현재 우리 인류가 목도하고 있다.

디지털 경제가 아날로그 경제를 압도하고 있는 것이다.

사회와 자연에서의 경쟁은 나쁜 것으로 몰아치거나, 폄하하는 대상이 아니다. 경쟁에서 낙오한 자의 입장에서 보면, 경쟁 자체를 없애야 한다고 할 수 있겠지만, 세상의 원리가 그렇게 되어 있지 않는 사실을 알아야 한다.

자연은 경쟁을 근간으로 한다.

자연은 경쟁해야 건강해진다는 사실을 알려 준다. 여러분들도 들어본 적이 있는 미꾸라지와 메기 이야기를 상기해 보라. 천적 관계를 이용하여 얻게 되는 더 건강하고 활기찬 미꾸라지를 생각해 보라. 논에 더 건강한 미꾸라지를 키우려면 메기를 넣으라고 한 삼성의 고 이병철 회장 이야기는 의미 있는 사실이다.

겨울이 춥고 사나워야 봄의 새싹이 건강하다는 사실, 태풍이 지나간 바다에서 어부는 만선의 꿈을 실현한다는 사실, 천둥과 번개가 많아야 병충해가 적어진다는 사실도 모두 자연의 경쟁 관계에서 얻을 수 있는 이야기들이다.

경쟁은 자연이 선택한 건강한 생명 전략이라고 할 수 있다.

한 국가가 아니라 글로벌 사회에서 이루어지는 무한경쟁에서 살아남는 길은 더욱 강해지는 것밖에 없다. 만약 실패하거나 낙오한 부류가 있다면 선택과 집중으로 돌볼 수 있는 전략을 동시에 고려할 필요는 있을 것이다.

우리 인류가 자연과 역사의 경험을 통해 알게 된 사실은, 경쟁이라는 것이 건강한 삶의 기본 질서라는 것이다. 문제는 그 경쟁이 기울어지지 않도록 하는 노력이 필요하다.

이에 대해서는 국부론을 제시하였던 아담 스미스의 고견을 귀담아 들을 필요가 있을 것이다. 아담 스미스가 "〈도덕 감정론〉의 저자, 여기 잠들다"라고 자신의 묘비로 쓸 정도로 가장 드러내고 싶었던, 〈도덕 감정론〉에서 지적하였던 내용을 다시 고민해야 할 것이다. 아담 스미스는 모두의 공감을 이루는 정의를 기반하여 사회 질서와 법 제도를 구비하는 일에서부터 시작해야 한다고 언급하였다. 그리고 그에 따르면, 중간층이 튼튼하게 자리 잡도록 노력하되, 이타적 동감의 법 기초위에서 기업과 시장 경쟁이 더 자유롭게 만들어야 하고, 그렇게 하여 시장 지향적 개혁을 이루어가며 공정한 사회가 되도록 해야 한다는 것이다.

간혹 평등을 주장하는 사람들은 사회와 시장에서의 경쟁을 백악시(百惡視)하여 부정하기도 한다. 입시에서의 무시험제도 등을 도입하여 경쟁이 없어야 최선일 것이라고 주장하며, 사회 곳곳에서 무경쟁을 외치고, 시장 조정에 개입하여, 시장 질서를 왜곡하기도 한다.

그러나 우리 모두가 경험하고 있는 것처럼, 보이지 않는 곳에서 불공정한 게임이 나타나고 있다는 사실은 우리 모두를 경악하게 한다.

자유 시장 경제를 항상 바로 세워야 한다. 이를 위해 게임의 판을 공정하게 유지하는 것이 전제되어야 하며, 가능하다면 시장 개입을 최소화하는 것이 시장 경제를 건강하게 하는 것이다.

우리 경제가 성장하면서, 시간이 지난 뒤에 잘한 것도 있지만, 그렇지 못한 일들도 있다. 비록 글로벌 경쟁에서 이기기 위해 정부가 개입하였지만, 오히려 관련 산업이 초토화되었던 사실도 있었다.

1960년대 우리나라의 최고 수출 품목은 가발이었다. 그래서 당시 정부는 가발산업을 성장시키기 위해, 가발산업에 개입하여 수많은 지원을 하였다. 하지만, 그 결과는 의외로 가발산업이 붕괴되는 계기가 되었다. 공급시장에 대한 정부의 과도한 개입이 오히려 기업의 자생력을 상실하게 만든 것이었다. 1970년대 초, 합판산업의 육성정책도 오히려 합판산업을 쇠퇴하게 하였고, 이후 대구·경북 지역의 섬유산업에 대대적인 지원 정책을 펼쳤지만, 대구·경북 지역의 섬유산업은 오히려 자생력을 잃고 쇠퇴해버렸다. 오히려 방치되었다가 살아남은 섬유기업들이 건강한 자생력으로 경쟁을 하고 있다는 사실은 다시 한 번 정책의 개입에 대해 많은 생각을 하게 한다. 이후, 정부에서 추진한 중화학공업 육성정책은 중화학 산업을 쇠퇴하게 만들었고, 1990년대 초반에 추진한 농업 육성정책도 오히려 농업 기반을 흔들리게 하였다.

그리고 1997년, 정부에서 추진한 벤처산업 육성정책도 오히려 벤처산업 기반을 초토화시켰다. 이후에도 공급시장에 대한 정부 개입이 계속되었지만, 결국 실패로 귀결되었다. 시장의 발자취로 남아 있는 통계는 그 결과를 잘 말해 주고 있다. 공급시장에 대한 정부 개입은 정부의 좋은 의도와는 달리, 공급시장의 과잉을 불러왔고, 공급시장의 과잉은 기업들로 하여금 수많은 재고 누적과 함께, 기업 수익 악화와 근로자의 해고로 귀결되면서 시장 실패로 끝나게 되었던 것이다.

그래서 지금도 거듭하서 알아둘 일은 Infrastructure 투자에 깊이 고민해야 한다는 것이다.

최근 정부에서도 최소임금에 대해, 앞에서 살펴본 유사한 실패를 경험하고 있다. 물론 기업의 생산성과 연계하여 최소 임금이 조정되어야 하겠지만, 어느 일방적인 힘으로 시장에서 수용할 수 있는 한계를 넘어서면서, 노동 시장을 교란시키는 결과를 가져오게 되었다. 최소임금은 노동시장에서 소외된 근로 약자에 한정되어야 하는데, 사회구성원 모두에게 적용되는 최소임금이 되어버린 것도 문제가 된다.

아무튼 최소임금은 노동 공급 시장에 대한 정책 개입이라는 사실을 알아야 한다. 노동 공급 시장에 대한 정책 개입은 노동 시장을 결국에 왜곡시키게 된다.

노동 시장에서 수요와 공급을 고려하면, 노동 수요자는 기업 등이며, 노동 공급자는 근로자가 되는 것이다.

임금은 노동 시장의 가격이다. 노동 시장의 가격이 오르면, 노동 수요가 당연히 적어지게 된다. 만약 같은 가격이라면 더 숙련된 근로자를 선호하게 되거나 경력자를 선호하는 시장의 원리가 작동하게 되고, 미숙련자는 퇴출되거나 신규 근로자의 시장 진입은 제한된다. 반면 노동 시장의 가격이 낮아지면, 당연히 노동 수요가 많아지고, 미숙련자 수요도 확대된다.

노동 시장의 자연스러운 변화는 경제성장과 발전에서 기인되어야 한다는 것을 명심해야 하고, 정책으로 시장 개입이 이루어지는 순간, 시장 왜곡이 생기며, 그에 대한 시장의 앙화가 나타나는 것이다.

간혹 정치 집단은 정책으로 시장 개입 욕구를 강하게 가질 수 있는 유혹을 느끼게 된다. 이념이나 가치관을 고수하면서 집착하거나, 초기 자본주의가 가진 폐해를 벗어나지 못하여, 사회와 시장에서의 경쟁을 백악시(百惡視)하면서, 시장 개입에 나서게 된다. 이는 결국 공급시장에 대한 개입으로 시장 실패로 귀결되며, 그 정책의 실패는 고스란히 국민들에게 전가된다.

이때 동원되는 것이 소위 정치적 이득을 노린 약삭빠른 행동과 말로 사람들을 선동하는 행위나 언동들이 나타나는데, 정치 위선으로 일컫는 Political Correctness이다. 이는 동서양을 막론하고 진행되었던 일이다. 이러한 선동에 좌우되면 사회가 미몽에서 깨어 나올 때까지 시장 경제에 먹구름이 함께 끼이게 된다.

시장개입 중 성공한 정책으로 잘못 알려져 있는 사례가 있는데, 그것이 바로 미국 루즈벨트 대통령이 시행한 New Deal 정책이다. 사실 이 정책은 시장 개입을 잘못하여 주식 시장과 노동 시장을 유린한 대표적인 시장 개입의 실패 정책이다. 나락으로 떨어지던 미국 경제를 2차 세계전쟁이 살려 놓았다는 이야기가 있을 정도이다.

이러한 모든 것들을 사회와 경제의 발자취로 담는 통계를 통해서 엄밀하게 살펴보고, 제2의 실패 혹은 제3의 실패가 발생하지 않도록 노력할 필요가 있을 것이다.

그런데 발자취로 나타난 통계를 제대로 보려고 하지 않는다. 오히려 통계를 왜곡시키려 든다.

앞에서도 언급하였지만, 기본적으로 통계 지식과 기술은 조직의 발전과 성장을 위해 정확하게 기술되고, 검토되어야 한다.

특히 의견과 태도에 더한 설문 조사에서는 더욱 유의해야 한다. 설문 조사는 앞에서 말했듯이 측정 과정이다. 이를 위해서는 객관적인 표준(기준)이 있어야 하고, 측정 대상에 대해서는 동일한 조건이 제시되어야 한다.

개인이나 집단의 가치와 이념이 개입되지 말아야 하는데, 정치 집단 입장에서는 자신들의 주장으로 인해 그렇게 해야겠지만, 결국 시장 실패를 만나게 된다.

그 이후에 정책에 대한 실패를 벗어나기 위해서 통계에 손을 대기 시작하면, 통계는 거짓말이 된다. 숫자는 거짓말을 하지 않지만, 사람이 통계를 거짓말로 만드는 것이다.

시각화에서의 왜곡 한 가지 사례를 살펴보자. 물론 잘못이 밝혀졌을 때, 재빠르게 수정조치를 하였다는 점에서는 다행스럽게 생각되지만, 그래도 또 다른 경각심에 언급하는 것이다. 최근 정부에서는 경제에 대한 질타가 많다 보니, 이것을 홍보하려는 차원에서 청와대 게시판에 게시한 자료에서 나온 사례이다. 색선은 저자가 구분하기 위해 그은 선이다.

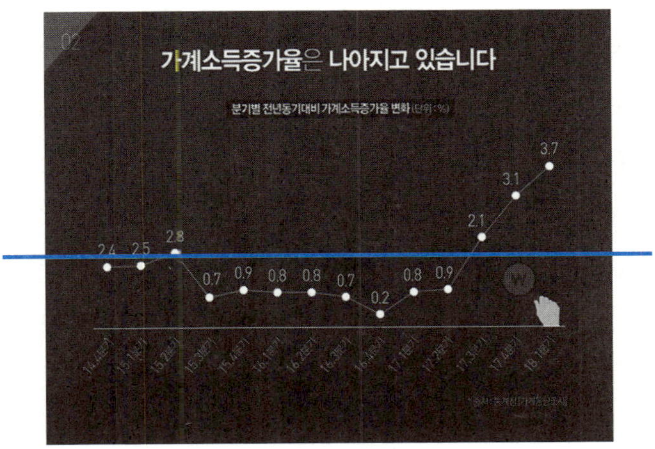

정부에서 제시한 가계소득 증가율에 대한 자료인데, 저자가 그은 놓은 색선을 중심으로 살펴보면, 2017년 3분기의 2.1%가 2015년 2분기의 2.8%보다 그래프상 더 높은 곳에 위치하고 있다. 이러한 행위는 오히려 정부에서 발표하는 모든 사실에 불신을 가져오게 할 뿐이라는 것을 알아야 한다.

통계를 만드는 순간에도, 데이터를 측정하는 가운데에도, 시각화하여 소통하는 데에도 왜곡이나 분칠이 있어서는 안 되는 이유가 여기에 있다. 그럼에도 불구하고 우리뿐만 아니라 전 세계 곳곳에서 그런 일들이 버젓이 나타나고 있다. 통계가 왜곡되면 반드시 시장의 앙화를 받는다는 사실을 알아야 한다.

이러한 시각화를 통한 여론의 호도는 비단 우리나라의 청와대만 있었던 것이 아니고, 세상 곳곳에서 이런 일들이 벌어지고 있다.

2018년, 워싱턴 D.C.에 위치한 국립건축박물관(The National Building Museum)은 자국의 시대별 집 양식을 통해 미국인의 경제, 역사, 생활 전반을 아우르는 전시회 〈하우스 & 홈(House & Home)〉을 기획하였다. 여기에 전시되어 있는 차트에는 다음과 같은 내용이 있었다. 차트의 제목에서 알 수 있듯이, 미국 중산층은 1971년 미국 가구의 61%에서 2015년 50%로 시간이 지남에 따라 줄어들고 있다는 내용을 담고 있다.

중산층의 축소는 〈집을 마련하기 위해 고군분투하고 있는가?〉라고 하고, 〈중산층이 줄어들었다면 그들은 어디로 갔나?〉 등의 내용이 담겨 있다는 것이다.

AEI(American Enterprise Institute)의 Olivier Ballou는 중산층이 실제로 줄어들고 있지만 그림에서 볼 수 있듯이 많은 미국 가정이 저소득층으로 이동하지 않고 고소득층으로 이동하고 있기 때문이라고 하였다. 1969년과 2016년 사이에 미국 고소득 가구의 비율이 19.6%포인트 증가(8.1%에서 27.7%로)하였고, 반면, 중산층 가구의 비율이 11.1% 감소(53.2%에서 42.1%로), 저소득 가구의 비율이 8.5% 포인트 감소한 사실을 적시하고 있다.

전시회에서 그래프 일부를 떼어내어 게시하다 보니 왜곡이 일어났고, 이로

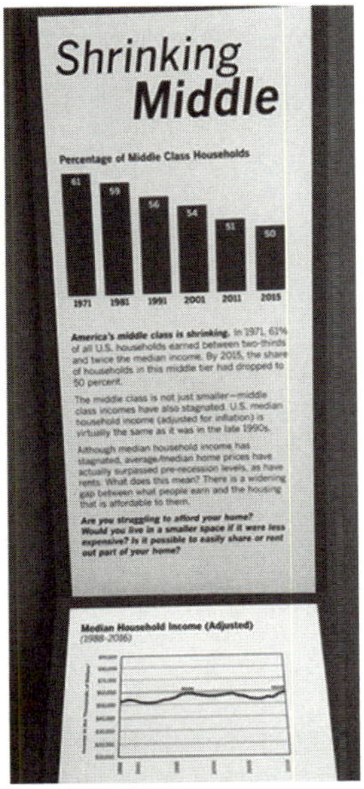

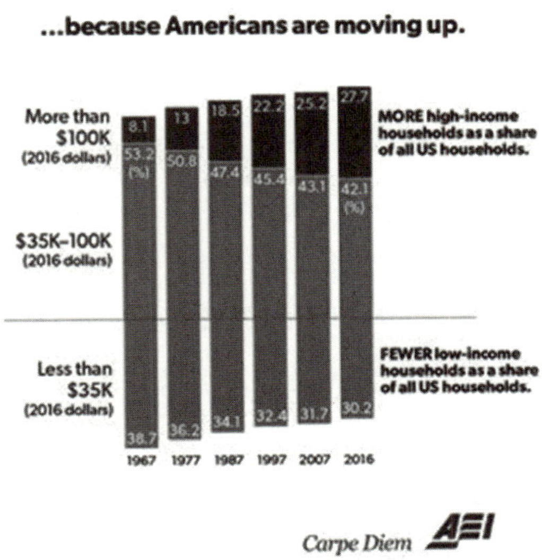

인해 일반인들에게 잘못된 정보를 제공하고 있는 것을 쉽게 알 수 있다.

통계는 과거와 현재 사건의 발자취를 그대로 보여준다. 그곳에서 사건이나 일의 참됨과 진실을 찾아내는 것은 우리들이 감당해야 하는 몫이다. 그래서 통계는 우리가 접하고 있는 사건과 일에 대한 참과 진실을 알아가기 위한 여정이라고 할 수 있다. 통계는 더 발전하여 서구 사회에서 사회와 자연을 바라보는 접근방법으로 진화하였고, 대자연과 사회 현상을 설명할 수 있는 통일된 큰 이론을 찾으려는 최선의 노력을 기울여왔다. 물론 성공하지 못하였고, 지금도 노력 중이다.

그래서 서구 사회에서 가장 중요하게 언급하는 내용이 있다. 사회나 자연의 진실과 참에 도달하기 위해서는, 있는 그대로를 보고 읽을 수 있도록 노력을 기울여야 한다는 것이다. 사건과 일을 바르게 해결하기 위해서는, 가장 먼저 있는 그대로를 본다는 것이 가장 기본이기 때문이다.

사건과 일에 대한 통계이기에, 통계는 사건과 일에 대한 참을 찾아가는 과정이라고 할 수 있는 것이다. 그래서 서구 사회에서 있는 그대로를 보려고 한 것이다. 그러나 편협한 인간의 마음이 통계를 왜곡하고, 자기 입맛에 맞게 고치려고 한다. 하지만 그러한 노력은 결국 허사로 끝난다는 것을 역사는 말해 주고 있다.

진실로 사회와 조직을 발전시키고자 하는 사람이라면, 편협한 마음을 극복하고, 통계를 직시하여 사건과 일을 바르게 볼 수 있으며, 그를 통해 사건과 일을 혁신시킬 수 있는 안목을 얻게 되는 것이다.

그러나 이러한 노력은 쉽지 않고 오히려 수많은 이념과 가치 등으로 공유하는 개인이나 집단들에 의해 유혹받을 여지가 굉장히 많다. 그런 유혹에 빠지는 순간 통계는 참을 찾아가는 여정이 아니라, 어두운 산 비탈길을 걸어가는 상황이 될 것이고, 진실은커녕 거짓과 왜곡을 일삼는 도구로 전락하게 된다.

통계가 한 사회와 경제를 바르게 이해하고, 더 성장하려는 발판이 되기 위해서는 이념과 가치에 독립되어야 한다. 통계를 다루는 정부 기관이나 집단들은 생명처럼 이 사실을 명심해야 한다. 정부 기관이나 집단들이 통계를 조작하거나 거짓으로 만드는 순간, 우리 사회는 실패의 나락으로 떨어지게 되고, 사회 전체가 피해를 입게 되는 것이다.

3부

과거와 현재 비밀을 푸는 통계 핵심 세 가지

1

통계 핵심 세 가지: 빈도, 오차, 관계

생각하는 코너

헹켈의 고민을 해결하라!

1731년 설립된 독일 헹켈(Henckel)은 좋은 품질의 철이 생산되던 졸링겐(Solingen)에서 시작된 세계적으로 유명한 식칼 제조 판매 회사이다.

세계적으로 잘 나가던 이 회사에 고민이 생겼다. 명품브랜드로 자리한 〈쌍둥이칼〉의 판매가 과거에 비해 시장점유율이나 매출에서 점차 하락하는 추세를 보이고 있었다. 그래서 시장조사나 설문조사를 바탕으로 소비자들이 더 좋아할 만한 다양한 상품을 만들어 보고, 고객들을 찾아가 문제점이 무엇인지를 물어도 봤지만, 그 해결책을 찾지 못했다.

그런 가운데, 새로운 이슈로 등장한 소셜 네트워크 서비스(SNS)를 이용하여 문제를 파악하려 하였다. 〈주방용 칼〉과 〈헹켈〉이라는 단어가 동시에 사용된 연관어들을 검색하였고, 헹켈의 칼에서 나는 냄새가 싫다는 빈도가 많다는 사실을 알게 되었다.

이에 헹켈은 SNS 결과를 바탕으로 칼에서 나는 특유의 냄새를 없앨 수 있도록 설계에 반영하였고, 이로써 예전 수준의 매출과 수익을 끌어올릴 수 있었다.

매일 축적되는 시장 데이터와 그것을 분석하는 통계 기법은 생각하는 만큼이나 복잡하지 않다. 그러나 그 결과는 새로운 혁신 기반이 된다.

헹켈처럼 고객이 자사의 제품에 대해 어떤 생각을 갖고 있는지, 어떤 불만 요인 때문에 구매를 망설이고 있는지를 정확히 파악한 후 설계에 반영하여 문제를 해결한 것과 같이 데이터를 왜 분석하는지, 그 목적을 명확히 하는 것, 그것이 통계를 행하는 이유이다(기술과 혁신, 한국산업기술진흥협회, 2015).

지나간 과거와 현재 진행되고 있는 사건이나 일을 바르게 알고자 하는 서구의 노력들이 통계라는 접근방법으로 제시되었다고 말할 수 있다.

현재 우리가 알고자 하는 사건이나 일에 대해서는 나이팅게일이 했던 것처럼 나이팅게일의 시도를 그대로 따라하면 된다고 했다.

나이팅게일은 사망이라는 사건을 구체적으로 알고자 했다.

병사라는 개체(entity)에 발생한 사망이라는 사건(event)을 구체적으로 알고 싶었던 것이다. 그리고 사망의 원인이 되는 사건의 속성(attribute), 즉 변수(variable)로 부상, 질병, 기타로 매우 간단하지만 핵심을 포함한 사건의 속성을 파악하였다. 그리고 사건의 속성들에 대한 빈도(frequency)를 조사한 것이다. 그리고 그것을 시각화한 그래프로 사람들과 소통하였다.

사건의 속성에 대한 빈도의 구체적인 값이 데이터이다.

여러분들도 회사나 학교에서 혹은 일상생활 속에서, 나이팅게일이나 앞에서 언급한 젊은 의사처럼 한다면 생각 이상의 현상들을 직관하게 될 것이다.

통계의 첫 번째 핵심은 바로 빈도(frequency)이다.

빈도는 개체에서 발생하는 사건과 사건 속성의 발생횟수를 말한다. 이러한 사건의 빈도가 나타나는 모습이 다음 그림처럼 나타났다고 가정하자.

사격의 결과라고 생각하여도 좋고, 어느 특정 지역의 식물생태계 빈도라고 해도 좋다. 그리고 한 기계에서 생산된 제품의 품질 정도라고 해도 좋다. 일단의 경계가 있다고 가정하겠지만, 경계가 없을 수도 있음을 알아 두는 것도 괜찮다.

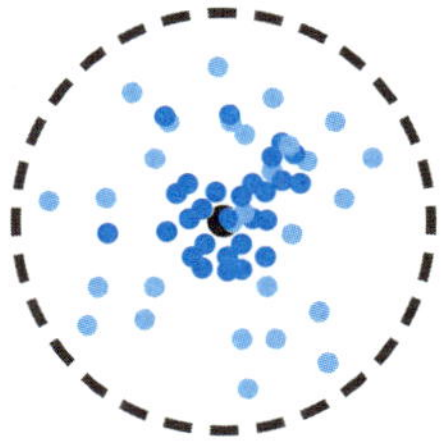

이렇듯 사건의 발생 모습을 통계는 분포(distribution)라고 한다. 연구자들은 자연과 사회에서 나타나는 다양한 모습을 찾아왔다. 분포를 알면 빈도를 미루어 알 수 있기 때문에, 분포의 특성들을 찾아서 정리하려 하였다.

그리고 통계에서는 이러한 분포의 특성을 설명하기 위해, 구체적인 빈도 값 중에서 대표하는 무언가를 내세우려고 하였다. 소위 통계에서 말하는 분포의 대표이다. 그 분포의 대표는 여러분이 너무나 잘 알고 있는데, 그것은 모든 대상의 통계 값으로 제시하고 있는 평균이다.

사건 또는 사건의 속성을 X라고 하고, 사건의 빈도를 그려보면, 빈도의 모습은 다음의 두 가지 그래프로 정리할 수 있다.

사건 또는 사건의 속성인 X가 어떤 값으로 제시되느냐에 따라 크게 달라진다. 사건 X을 정수 값으로 설정하거나 제시하면 왼쪽 그래프로, 실수 값으로 나타내면 오른쪽 그래프로 분포의 모습이 나타난다.

그리고 왼쪽 그래프는 이산(discrete) 사건의 분포이고, 오른쪽 그래프는 연속(continuous) 사건의 분포가 된다. 사건 X를 수로 표현함에 따라 크게 두 가지 경

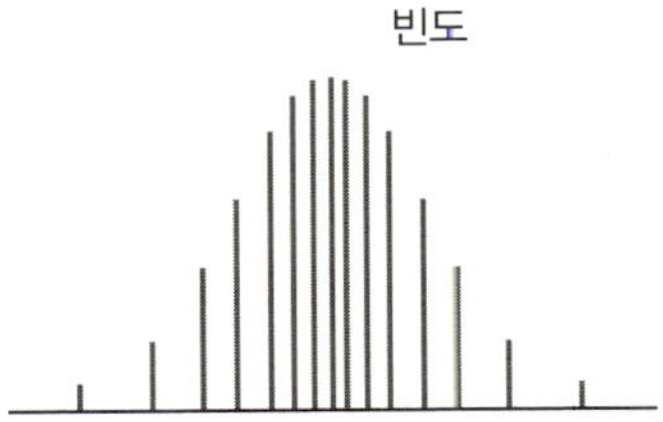

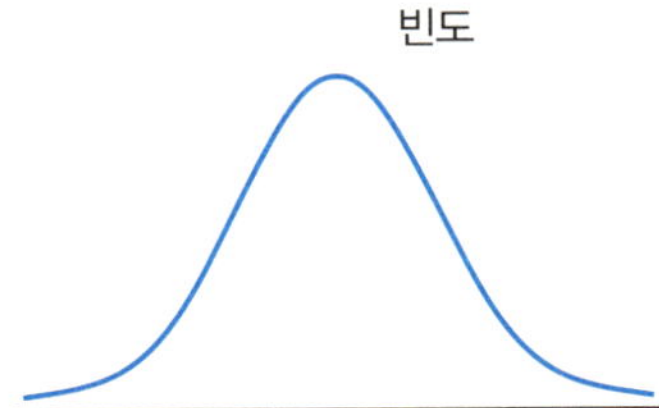

우로 갈라지면서, 의미나 계산 방식이 모두 달라진다는 것을 알아두어야 한다. 뒤에 다시 설명하기로 하자.

여기에서는 이산 분포든, 연속 분포를 하나로 합쳐서 살펴보고, 이해하기로 하자.

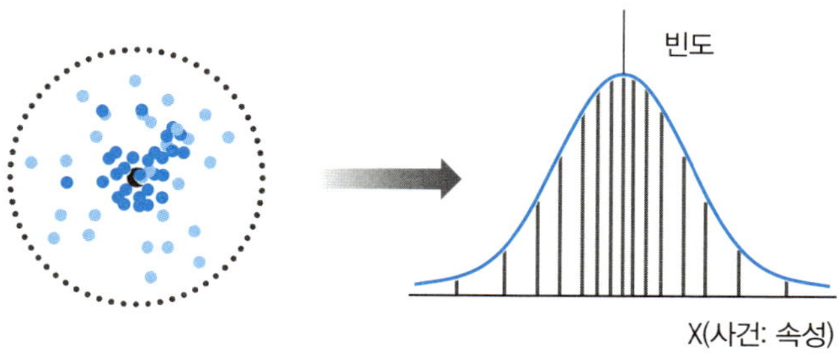

그림에서 보는 것처럼 이산이든 연속이든 사건의 빈도는 어떤 위치로 모이는 경향을 보이게 된다. 그것들이 중심으로 모이는 경향을 갖는다고 해서, 중심 경향치(central tendency)라고 한다. 중심 경향치에는 중심으로 내세우는 여러 가지가 있지만, 그중에서도 통계에서 가장 많이 선호하는 분포의 대표가 평균이다.

빈도는 사건 또는 사건 속성의 발생횟수를 말하며, 이들의 발생 모습이 분포로 이해할 수 있으며, 통계는 분포의 대푯값을 내세워 분포를 설명한다.

통계의 두 번째 핵심은 오차(error)이다.

사건의 빈도 중심으로 평균을 내세워 사건들을 설명하려 하지만, 앞의 그림에서 보다시피, 중심 경향치인 대표에서 떨어져 있는 값들이 나타난다.

통계는 그것을 오차(error)라고 한다. 앞의 그림을 사격표지판의 결과라고 본다면, 우리가 사격으로 맞추어야 할 검은 점이 있고, 그것을 제대로 맞추지 못하고 다른 점에 사격이 이루어졌다고 생각할 수 있다. 만약 사격이 아니라면, 검은 점을 우리가 바르게 설명해야 할 개념의 참된 모습이라고 생각해도 무방하다.

이때 우리가 반드시 찾아내어야 하는 참값, 그것을 편하게 평균이라고 하

자. 무엇인지 모를 수도 있으니까, 그 참값을 대변하는 대표로 일단 평균이라고 하자. 그러면 우리가 찾은 평균을 참값이라고 두면, 참값 주변으로 수많은 변이점이 나타난다. 이를 통계에서는 오차라고 한다. 또 다른 분포의 대푯값이다.

이 오차는 중심 경향치에서 벗어난 대상들의 거리가 된다. 이것을 편차(deviation)라 하며, 편차들의 도습을 산포(dispersion)라고 한다.

오차는 중심 경향치 중 평균에서 떨어져 있는 거리로 측정하여 정한다는 것을 알 수 있다. 그리고 오차는 불안정성, 불확실성을 의미하는데, 통계에서는 어떻게 하든지 오차를 최소화하려고 노력한다.

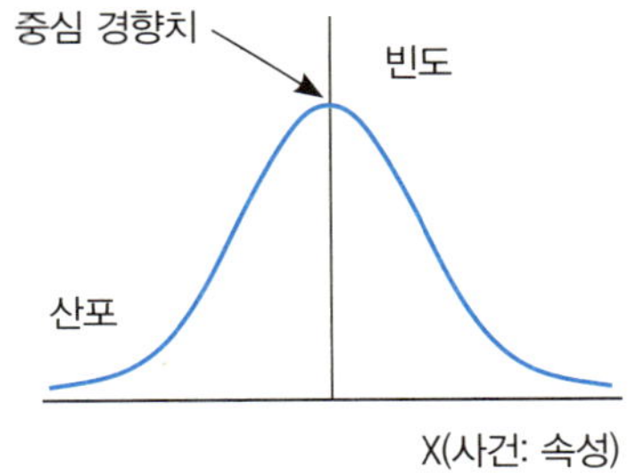

품질의 분포로 본다면, 달성해야 할 값을 중심 경향치인 평균으로 설정하면, 오차가 과도하거나 기준에 미치지 못하는 품질은 모두 재검토되어야 하는 것이다.

주식시장의 주식으로 본다면 오차가 크면 시장의 변동이 크다고 말한다. 말하자면 불확실성이 커지는 것이다. 시장의 변동이 크다는 것은 그만큼 위험 부담이 커진다는 것을 의미하고, 투자하려는 사람들은 투자를 꺼리게 된다. 투자를 꺼리는 사람들에게 제시하는 보상 대안 또는 유인책이 이자율인 것이다.

주식 시장에서 고위험에는 높은 이자율이 성립하는 이유이다. 금융 시장에서 불확실성이 커지면, 그만큼 이자율이 커지게 된다. 이것은 시장의 운용원리이다. 만약 이러한 원리가 작동되지 않는다면 시장은 성립되지 않는다. 적절한 보상이 보장되지 않으면 어느 누구도 고위험의 투자 시장에 참여하지 않게 되고, 시장 실패가 발생하는 것이다. 자원개발과 같은 고위험 사업에도 마찬가지의 원리가 작동하고 있는 것이다.

여기에 정의 등의 선동적인 용어가 들어서서는 안 되는 이유이기도 하다. 이것은 시장에 정책이나 이념으로 개입을 하겠다는 또 다른 이야기인 것이다. 이는 이미 역사 속에서 참담한 시장 실패를 경험한 내용이라는 사실을 바로 알아야 한다. 우리 인류가 경험해 온 과거의 통계들이 말해준다.

통계의 세 번째 핵심은 관계(relation)이다.

관계는 말 그대로 사건과 다른 사건 간의 관계를 말한다. 이 관계를 찾고자 하는 것은 통계가 이루어 내거나 찾고 싶은, 가장 큰 꿈이라고 말할 수 있다.

대형마트나 중소마트를 방문하면 아기용품 판매대 옆에 가벼운 주류 제품이 진열되어 있는 것을 볼 수 있다. 전혀 관계없어 보이는 두 개의 물품(사건이라고 하여도 무방하다)이 붙어 있다는 것은 재미있는 일이지만, 이것은 사람들의 구매 내역 데이터에서 찾아낸 관계의 결과이다. 매장의 매출 극대화를 위해 데이터마이닝(datamining) 기법으로 찾아낸 관계이고, 이 관계를 활용하여 상품을 진열한 것이다. 앞에서 헹켈의 고민을 해결한 것도 제품 특성(사건의 변수) 관계를 살펴보면서 찾아낸 것이다.

사건과 특정 사건과의 관계를 제대로 설명할 수 있다는 것은 바로 예측으로 이어지기 때문에, 관계를 파악한다는 것은 예측을 목적으로 한다. 따라서 통계의 진정한 꿈은 예측이라고 할 수 있다.

통계는 그동안 어떻게 하면 예측을 정확하게 할 것인가에 초점을 맞추어 왔다. 이러한 작업들로 사건들 간의 상관관계와 인과관계를 살펴보는 일들이 많았다.

이들의 목적이 바로 예측이다. 그런데 그동안 세상은 예측하기 위해 너무 많은 비용을 사용하였다. 예측 실패는 엄청난 사회 비용을 치르는 결과로 나타났다. 그래서 그 어마어마한 실패비용을 줄이면서, 더 나아가 예측 비용조차 줄이려는 노력이 인공지능의 발전으로 나타난 것이다. 현재 크게 관심을 받고 있는 기계 학습(Machine Learning)은 예측 비용을 줄이기 위한 세상 노력의 산물이다. 우리는 기계 학습이라는 특정 알고리즘을 통해 관계를 찾아내고, 그 설명할 수 있는 관계를 통하여 여러 차원, 여러 용도로 활용할 수 있을 것이다.

반도체가 데이터 계산 비용을 획기적으로 줄여주는 기술이라면, 인터넷은 데이터 검색 비용을 최소화하여 준 기술이다. 그리고 인공지능(artificial intelligence)은 우리들에게 데이터 예측 비용을 최소화해 줄 새로운 IT 기술인 것이다. 이러한 인공지능 기술의 심화 과정을 통해, 제조 전 과정을 일관되게 연결하여 자동화한 기술이 스마트 팩토리(smart factory) 기술이라 할 수 있다. 만약 인공지능의 아이디어가 농작물 생산에 투입되어 제대로 적용된다면, 그것은 스마트 팜(smart farm) 기술이 되기도 할 것이다.

2

빈도의 대표 얼굴, 평균 바로 알기

생각하는 코너

Santam(남아프리카 최대 보험회사)의 고민 해결

Santam은 남아프리카 전역을 대상으로 개인 보험, 상업 보험, 농업 보험 및 전문인 보험서비스를 제공하는 최대 보험회사이다.

전 세계의 보험회사의 가장 큰 골칫거리는 보험사기인데, Santam의 경우도 보험사기로 인해 어려움을 겪고 있었다. Santam의 경우, 보험사기로 인한 손실 비용이 연간 보험료의 6-10%가 발생하였고, 업무 효율이 크게 저하되어 보험 청구 완료가 평균 3일 소요되었다. 그 결과, 보험금을 신속하게 지급해 주기를 바라는 고객들의 요구에 크게 미치지 못하면서 평판은 하락하고 있었다.

이에 Santam은 2010년, 개인 자동차 보험 청구를 분석하기 위해 D&A(Data and Analytics) 기법을 사용하였다. D&A란 빅데이터를 바탕으로 분석한 자료를 토대로 통합 데이터로부터 깊은 통찰력을 찾는 것이다.

기존 데이터에 입각하여 비즈니스 규칙을 설정한 Santam은 360,000 건의 클레임에 대한 리스크 점수를 생성하였고, 클레임의 세분화를 자동화하였다. 5개의 위험 범주로 세분화하여 분리한 후, 보험사기 가능성이 있는 건이나 고위험 건을 저 위험 청구 건과 분리하였다.

이후, 이를 통해 보험사기를 파악하는 능력이 향상되었고, 보험금 청구 과정은 신속하게 이루어졌으며, 보험사기 건에 지급하던 수백만 달러를 절약하게 되었다. 나아가서, 저위험 청구 건의 처리 시간도 획기적으로 절감하게 되었다. 최저 1시간 내에 보험금을 지급할 수 있게 되었고, 이후 몇 달 만에 대형 자동차 보험사기 조직을 적발하기도 하였다.

통계의 첫 번째 핵심을 빈도라고 하였고, 빈도의 모습을 통계에서는 분포라고 한다고 하였다. 역으로 말하면 분포를 알면 빈도를 알 수 있게 된다는 말이다.

그렇기에 통계학자들이 분포를 찾기 위해 노력한 것은 바로 사건의 빈도를 알아내기 위함이라는 것을 알아두면 더 실감날 수 있다. 통계를 공부하다가 갑자기 분포가 나타나면 많은 고민을 할 수도 있기에 먼저 이렇게 말을 해 둔다.

통계는 가장 먼저 빈도에 대한 정보를 얻고자 하는 목적이 있다. 그래서 분포를 안다는 것은 빈도를 알기 위한 최고의 정보이기 때문에, 학자들은 검토하고 있는 사건들의 분포를 찾고자 노력해 온 것이다. 다르게 말하면 빈도를 더 쉽게 알아내기 위한 노력이었다고 보면 된다.

사건의 빈도 값들은 여러 값들이 존재한다. 빈도의 여러 값을 이해하기 위해 먼저 줄을 순서대로 세워 보자. 줄을 순서대로 세우다 보면 빈도의 모습을 더욱 쉽게 이해할 수 있다. 그러면 다음 그림처럼 최솟값에서부터 최댓값에 이르기까지 줄을 세울 수 있다.

그리고 나서 줄을 세운 것을 균등하게 4등분으로 나누어 보자. 4등분 중 처음으로 만나는 첫 번째 4등분을 1사분위수라고 한다. 사분위수는 4등분한 수라는 뜻이고, 십분위수는 10등분, 백분위수는 100등분한 것이다. 두 번째 사분위수는 바로 중앙값(median)이 된다.

이제 각 해당하는 위치 정보 값에 빈도를 덧붙여 보자.

그러면 우리들은 조금 더 재미있는 모습을 만나게 된다. 앞에서 살펴본 그림에서 데이터가 이산적인 빈도 분포와 연속적인 빈도 분포를 올려보자.

조금 더 분명하게 보일 수 있다. 특히 서구 사회에서 말하는 사회와 자연 현상에서 가장 정상적인 분포가 나타난다고 가정하면, 중심 경향치를 쉽게 알아볼 수 있다.

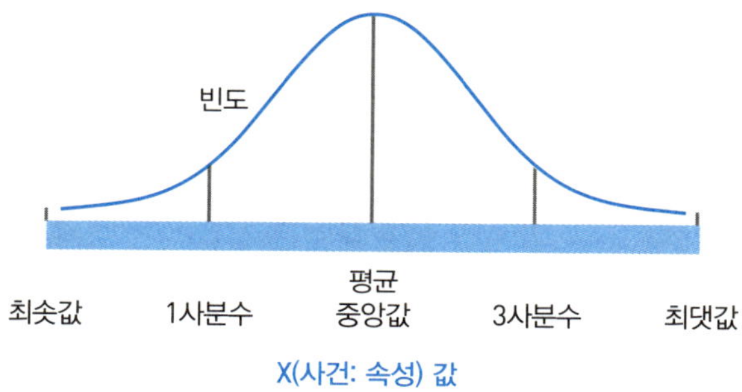

이 중심 경향치를 대개 분포의 대표 얼굴로 사용한다. 분포의 대표 얼굴로 사용하는 중심 경향치에는 평균(mean), 최빈값(mode)과 중앙값(median) 등이 있다.

특히 중심경향치 중에서도 가장 뛰어난 정보를 가지고 있는 얼굴로 평균을 가장 많이 사용한다. 평균은 평평하게 균형을 맞춘 것이라 생각하면 된다. 평평한 균형이라고 하는 것은 자료들의 기준을 세우고, 차이 합을 0이 되도록 하면 된다. 즉, 차이 합을 0이 되는 기준이 평균이며, 모든 자료를 총망라하여 살펴보는 것이기 때문에 전체 자료들의 정보를 모두 가지고 있다는 최고의 장점이 있다.

그래서 평균은 기본역량평가측정에 사용하기도 하고, 특정한 기계 작동의 중심점으로 인식하기도 한다. 일반적으로 우리가 만나는 통계 수치가 바로 평균이다.

평균은 사건 전체 데이터의 정보를 담고 있어 충분하고, 중심에 위치하고 있어 편향성이 없으며, 가장 정상적인 분포의 중심자리라 효율적이기 때문에 어떠한 대푯값보다 더 대표성이 있다. 이에 평균은 가장 많이 사용하고 있는 중심 경향치 대푯값이다.

평균은 말 그대로 집단의 대표 주자이기 때문에, 표준화라는 개념으로 정립되면서, 대량 생산이 가능하게 만든 소품종 대량생산 시스템을 탄생시키는 등 인류를 새로운 차원으로 인도한 개념이기도 하다.

현재 새로운 생산시스템인 다품종 소량생산시스템은 전체 거대 집단의 평균을 서로 다른 집단으로 나누어진 소집단의 평균 개념을 토대로 탄생한 새로운 혁신 시스템으로 파악한다던, 평균에 대한 새로운 의미를 이해할 수도 있다.

평균에 대한 어리석은 사용은, 1920년대 중국 내전 상황 중, 큰 강을 만난 중국 장군에서 찾아볼 수 있다. 부대원들이 강을 건너야 하는 상황이었다. 장군은 참모에게 강의 수심이 어떻게 되는지 물었고, 참모는 1.4미터라고 대답하였다. 그리고 장군은 병사들의 키가 어떻게 되는지 물었는데, 참모는 고민하던 중 대략 1.65미터라고 대답하였다.

이에 장군은 도하작전을 시행하기로 결정하여 진격 명령을 내렸고, 부대원들은 대참사를 겪게 된다.

무엇이 문제였을까? 이들은 소통 부재를 메우지 못하였다.

사람들은 대상들의 집단을 말할 때, 개별의 값이 아니라, 대표되는 평균값을 말하게 된다. 그 곳에서부터 소통의 문제가 발생한다.

그림에서 보면 평균은 전 부분에서 평평한 것이 아니라, 차이가 있는 것이다. 그런데 이 차이를 무시한 것이다. 병사들의 키에도 차이가 있다.

평균을 말할 때, 반드시 차이를 고려해야 하며, 차이가 많이 날 경우에는 집단을 더 나누어서 살펴봐야 한다.

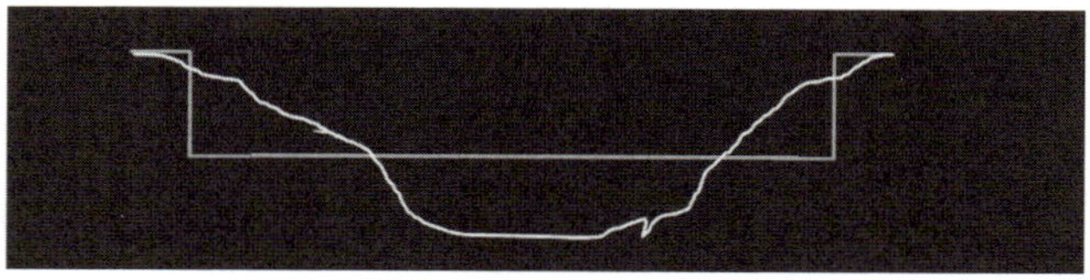

우리는 디지털 전환의 극점에 서 있으면서, 컴퓨터 운영과 관련된 문제, 전력 운영과 관련된 문제 등을 자주 접하게 된다. 그렇다면, 이런 문제들에서 평균의 자리가 어떻게 되어야 할까?

컴퓨터 네트워크 운영시스템을 구축하기 위해서는 서버의 부하량을 어떻게 고려해야 할까? 누구나 알 수 있는 뻔한 질문이지만, 서버의 부하량을 평균으로 설정하면 대난리가 날 것이다. 1920년대 중국 장군의 어리석은 결정과 같은 대난리가 벌어질 것이다.

이런 경우에는 어떻게 해야 할까? 통계는 평균만 있는 것이 아니다.

사용량이 급증하면 서버가 다운되는 사태가 난다. 그래서 시스템을 설정할 때에는 고객 접속에 대한 서버의 최대 부하량을 고려해야 한다.

한국에서는 1960년대 후반부터 부엌에서 혁신이 이루어지게 된다. 싱크대가 주방에 나타난 것이다. 여성들의 주 무대를 완전히 혁신시킨 주방 시스템의 변화가 싱크대에서 시작되었다.

초기 싱크대 제작사들은 싱크대를 주부들의 평균 키를 기준으로 제작하였는데, 많은 문제가 발생하였다. 키 작은 여성은 어깨를 비롯한 상체의 고통에 시달리고, 키 큰 여성은 허리에 고통을 호소하게 된 것이다. 부엌에서 혁신이 이루어지고 있었지만 완전하지 못한 것이었다.

한샘은, 〈주부들의 키에 싱크대를 맞추어라〉라는 과제를 실현하면서, 맞춤 싱크대로 시장을 새롭게 재편하였다.

주부들의 키에 따라 싱크대를 맞춤 생산하게 된 것이다. 한샘은 주부 개개인의 키 수준에 맞춰 싱크대를 설계 및 설치하였고, 이에 시장의 환호를 받게 되었다.

GM이 자동차 시장에 뛰어들 무렵, 미국 자동차 시장은 포드 자동차가 선점하고 있었으며, 시장의 틈새가 보이지 않았다. GM은 고민 끝에 자동차 시장의 현장에서 고객을 직접 만나기로 하였다. 이것은 현장에 답이 있다는 새로운 경영의 해결방안을 찾아내는 계기가 되었다.

GM은 그 당시 현장의 고객들이 그들의 Needs와 Wants를 찾는 과정에서, 포드 자동차에 대해 모든 것을 만족하지 않는다는 사실을 알게 되었다. 이 사실을 알게 된 GM은 포드의 표준화(평균) 경영의 틈새를 노리게 된다. 그 유명한 시장 쪼개기 전략인 마케팅의 시장 세분화(Market segmentation) 전략이 나온 것이다.

시장을 세부적으로 나누어 표적(Target) 시장을 선택하고, 그 시장에서 최적(positioning)이 되는 전략을 수립한다는 STP의 시장 세분화 전략이 세상에 드러난 것이다. 이것은 평균을 나누면서 나타난 혁신의 전략이 되었다.

만약 관찰하고자 하는 대상이 다른 집단들과 섞여 있다면, GM처럼 시장을 나누어 생각해야 한다. 그리고 남아프리카 보험회사인 Santam도 고객의 클레임을 관찰하고 서로 다른 집단의 성격을 갖고 있음을 파악한 후, 나눈 것도 매우 주효한 전략이었던 것이다.

글로벌로 거대해진 세계 시장은 하나의 평균인 표준화된 제품을 시장에 낼 수 있지만, 다른 한편으로는 시장을 나누고, 세분화된 집단의 평균을 반영한 맞춤형 제품으로 소화해야 한다.

만약, 전체적으로 하나의 평균이라는 것이 수상하다고 생각된다면 그 집단을 나누어서 생각해야 한다. GM이 시장을 세분화하였고, Santam이 클레임을 분리하였듯이, 집단을 나누어서 생각해야 한다. 모든 영역에서 나누어 볼 생각을 해야 한다. 특히 분포가 이상하게 기울어져 있다면 집단을 나누어 평균을 다시 생각해야 한다.

다음 미국 유명 대학원의 신입생들에 대한 자료이다. 이 자료를 보고, 한 언론에서는 대학의 남녀 차별을 언급하였다. 과연 그럴까?

	불합격자	합격자	합격률
남자	1,291	1,400	52%
여자	1,113	722	39%

이것을 6개의 서로 다른 학문 분야로 나누어 살펴보면 다음과 같았다. 결과를 살펴보면 대학의 남녀 차별은 없었으며, 여성들의 합격률이 더 높거나 비슷한 수준이었다.

분야별	A	B	C	D	E	F	총합
지원-남	825	560	325	417	191	373	2,691
지원-여	108	25	593	375	393	341	1,835
합격-남	512	353	120	138	53	224	1,400
합격-여	89	17	202	131	94	239	772
합격률-남	62.1%	63.0%	36.9%	33.1%	27.7%	60.1%	52%
합격률-여	82.4%	68.0%	34.1%	34.9%	23.9%	70.1%	39%
전체	64%	63%	35%	34%	25%	65%	

이것을 심슨의 역설(Simpson's paradox)이라고 한다. 세부 그룹별로 어떠한 추세나 경향을 갖고 있지만, 통합해서 살펴보면, 그 추세나 경향이 사라지거나 반대의 추세나 경향이 나타나는 현상을 의미한다. 그래서 전체 평균보다는 세분화된 집단의 평균을 살펴봐야만 진실이, 참된 상황이 바르게 보인다는 것이다.

가장 쉽게 나누는 것은 사건이나 조사 대상을 세분화해서 정리하는 것이다. 나이팅게일이 했던 것처럼, 사건을 나누어서 생각해 보는 것이다.

사건을 나누고 분류한 것을 통계에서는 class라고 한다. 명확한 기준이 있다면 기준을 따르면 되고, 만약 기준이 없다면 여러분이 가장 직관이 가는 대로 세분하면 된다. 이것을 class(이를 계급으로 번역)로 분류하는 것이다. 마치 반 편성하는 것처럼 하면 된다.

분류된 class에 따라 빈도만 측정해도, 우리는 매우 훌륭한 결정을 내릴 수 있다. 앞에서 빈도는 통계의 시작이라고 했다. 있는 그대로를 잘 표현한다면, 세상을 어느 정도 설명할 수 있는 것이고, 참으로 가는 과정이라고 할 수 있다. 문제는 빈도를 가지고 장난하면 안 되는 것이다. 만약 실상의 빈도를 따르지 않는다고 하면, 그에 대한 충분한 설명을 해야 할 것이다.

각 class에 대한 빈도를 정리하면, 그 자체가 하나의 훌륭한 보고서가 된다. 아주 간단하게 정리하면 다음의 모습이 될 것이다.

이것은 빈도분포표, 즉 Frequency Table이다. 다른 말로는 도수분포표라고 한다.

Class(계급)	(빈)도 수

이제까지 우리는 전체 집단의 평균이 주는 이미지에 사로잡혀 실상을 제대로 보지 못하고 있던 것이다.

사실 나이팅게일 역시 병사들의 사망 원인을 나누어 본 것이다. 사망 원인을 나누고 살펴보니 실상이 달랐다는 것이다. 그러면 어떻게 나누어야 할까? 나누는 문제는 그리 어려운 일이 아니다. 어떻게 보면 이미 나누어져 있던 것을 전체로 뭉치다 보니 이상하게 나타난 것이라 할 수 있다. 참으로 이상하게도 아직도 사람들은 전체의 평균을 맹신하고, 또 다른 어리석음을 만들어가고 있다.

정신 차려야 한다. 맹신하지 말고, 집단을 나누어 보면 실상이 보이고, 올바른 결정을 할 수 있는 창의적 방법이 떠오를 것이다.

마치 나이팅게일 수행했던 것처럼, 혹은 GM이나 Santam에서 수행했던 것처럼 말이다. 아니, 앞에서 언급한 젊은 의사처럼만 하면 된다.

통계를 복잡한 수식으로 생각한다면, 그것은 오산이다. 사실 통계는 복잡한 것이 아니다. 복잡했다면, 통계가 오늘날까지 부단히 살아남았을까?

전체의 평균에서 벗어나서, 세분화된 class로 나누어 보기 바란다. 그리고 각각의 빈도를 살펴보라.

통계는 간단하면서도 실상을 바르게 파악할 수 있는 방법이었기 때문에, 서구 사회 모든 학문의 기본이 되었던 것이다.

3

위험(Risk) 측정치, 오차가 핵심

생각하는 코너

7회 6시그마 자격인증시험 1번 문제를 풀어라!

1971년, 심리학자 대니얼 카너먼(Daniel Kahneman)과 아모스 트베르스키(Amos Tversky)는 통계학 교수들에게 통계학적으로 진술되지 않은 통계학적 질문들을 던지는 실험을 실시하였다. 그 질문은 다음과 같은 것이었다.

『당신이 살고 있는 마을에 병원이 두 개 있다. 한 병원을 큰 병원이라 하고, 다른 한 병원을 작은 병원이라고 하자. 어느 날, 하루 동안 한 병원에서 태어난 신생아의 60%가 사내아이였다. 이 병원은 큰 병원인가 작은 병원인가?』

당신의 답변은 무엇인가?

이제 통계의 두 번째 핵심인 오차에 대해 알아보기로 하자.

통계를 시작할 때, 참에 도달하는 것은 분포의 평균을 찾는 것이라고 생각하였다. 그래서 전체의 평균을 맹신하고, 평균을 벗어나면 위험하다고 판단하였다. 그래서 가능하다면 평균을 벗어나는 것들에 대해 고민을 많이 하게 되었고, 우리는 먼저 해답을 하나 구하였다. 평균을 벗어나는 것들이 많으면, 집단을 나누어서 봐야 한다고.

또 다른 해답이라 보기에는 이상하지만, 통계에서 사람들이 찾고자 한 것은 평균을 벗어나는 것을 최소화하려는 것이었다.

통계에서 평균을 벗어나는 것을 오차(error)라고 말한다. 현재는 잘 모르지만, 전체(통계에서는 모집단(population)이라 한다)의 평균을 찾는 것이 핵심이고, 그 평균을 찾는 과정에서, 오차는 일상적으로 나타나는 현상임을 알게 된 것이다.

그래서 일상적으로 나타나는 오차를 최소화하려는 노력이 통계의 목표가 되었다. 앞에서 평균과 오차의 거리를 편차라고 하고, 편차의 분포 모습을 산포(dispersion)라고 언급하였다.

편차가 크다는 것은 그만큼 참으로부터 벗어나는 현상이 많다는 것이고, 이것을 변동성이 크다고 말한다. 변동성이 크다는 것은 불안정성이 크다는 것이고, 불확실성이 커지는 현상이기도 하다.

오차는 피할 수가 없다. 평균을 기준점으로 볼 때, 평균을 제외하고는 모두 오차에 해당하기 때문이다. 평균에서 벗어나 있는 오차 점까지의 거리를 측정한 것이 편차(deviation)이다. 그리고 편차를 표준화한 것을 표준편차(standard deviation)라고 하고, 그것을 제곱한 것을 분산(variation)이라고 한다.

편차를 표준화하는 것은 단일한 기준의 편차를 얻기 위함이고, 분산을 찾는 것은 음수를 배제한 값을 얻기 위함이다. 그래야 계산이 간편해지기 때문이다.

오차를 벗어날 수 없다는 것은, 현실의 모든 영역에서 산포를 피할 수가 없다는 것이다. 그리고 이 산포로 인해 제품 생산이나 서비스가 제공될 때, 정확하게 동일한 결과는 나타나지 않는다. 아주 뚜렷하게 볼 수 있는 사례가 주식시장이다. 주식시장의 변동성은 아주 유명하다. 이 변동성은 바로 기준점에서의 변동이며, 오차를 말한다.

이처럼 모든 프로세스에서 산포가 나타나기 때문에 산포를 측정하고, 이해하여 관리하는 것이 매우 중요해진다. 어쩌면 산포 관리가 평균보다 더 중요할 수 있다는 말이다. 산포의 측정치가 분산(variance)이며, 바로 오차, 불확실성, 위험을 측정하는 개념이 된다.

우리는 이렇게 비즈니스 모든 곳에 존재하는 불확실성에 대비하기 위해, 충분한 여유분(slack)을 두게 된다. 해외여행을 위해 공항에 도착하려면 보통 여유를 가지고 출발한다. 도착까지 수많은 불확실성에 대비하기 위함이다. 기업에서 어느 정도의 재고 수량을 갖추고 있는 것도 수요의 불확실성에 대비하기 위한 것이다. 수요가 불확실하기 때문이다. 만약 수요를 명확하게 알 수 있다면, 굳이 재고가 필요 없을 것이다. 그래서 시장의 수요 예측은 그만큼 중요하다. 가능한 한 수요를 정확하게 예측하고자 하는 것은 이후로 나타날 비용을 최소화하고, 수익을 극대화하기 위함이다. 그런데 정확한 수요 예측은 어렵다. 말하자면 산포의 예측은 어렵다는 것이다.

최근에는 인공지능, 특히 기계학습을 통해 예측을 더 정확하게 하려고 노력하지만, 말처럼 그렇게 쉽지는 않다. 이것은 우리 인류의 크나큰 숙제라고 할 수 있다.

그래서 해당 영역에서 충분한 여유분(slack)을 갖고자 하는 것이다. 사람이면 사람, 자원이면 자원을 더 얻고자 한다.

그런데 여유분(slack)이 많으면 좋겠지만, 여유분(slack)이 많은 만큼 비용이 증가하게 된다. 그래서 현실에서는 적절한 타협점을 찾게 된다. 그런데 이러한 최적의 타협점을 찾는 것도 쉬운 일이 아니다. 그럼에도 불구하고, 많은 사람들이 최적의 타협점을 찾기 위해 부단히 노력해 왔다.

그래서 산포의 이해와 관리는 더욱 중요해지는 것이다.

우리는 품질관리를 너무 잘 알고 있다. 품질의 오차를 줄이기 위한 노력은 끝없이 이어졌다. 미국 아날로그 무선통신기기 대표 주자이었던 모토롤라는 오차 관리, 즉 산포 관리의 최고 기법인 6시그마(sigma) 기법을 제시하였다. 말하자면 100만 개 중 3.4개 불량오차만 인정하겠다는 오차 최소화를 위한 최고의 기법이다. 이러한 노력은 정말 칭찬받아 마땅하며, 권장할 만한 기법이다.

그러나 반드시 알아두어야 할 것은, 혁신이 일상이 되고 있는 현실 상황에서는 개선도 중요하지만, 혁신을 우선해야 한다는 사실을 잊어서는 안 된다.

모토롤라는 아날로그 무선기기에서는 최고의 품질을 자랑하였지만, 세상은 디지털 세상으로 바뀌고 있었고, 디지털 혁신에 안일한 대처를 한 모토롤라는 변화된 시장에서 퇴출되었다. 현재 일본이 디지털 전환(digital transformation)에 뒤처지면서, 세계 경제 대열에서 점차 뒤처지고 있는 모습과 장면이 겹쳐지는 것은 무엇일까?

만약에 혁신을 지향하지 않으면, 6(Six) sigma는 Sick sigma가 될 것이다. 품질 혁신 도구가 오히려 조직 성장의 병적 요소가 된다는 것이다. 앞에서 언급하였듯이 자본주의 시장의 핵심은 혁신이다. 산포를 뛰어넘고자 하는 6시그마가 오히려 조직 성장의 장애가 되어서는 안 된다. 혁신을 항상 염두에 두고 나아가야 한다.

어쩌면 혁신은 기존의 산포를 뛰어넘어, 새로운 기준을 세우는 일이다. 새로운 기준을 세워서 산포를 관리하고, 또 새로운 기준을 시장에 제시하고 산포를 관리하는 모습이 함께 수반되어야 한다.

근본적으로 나타나는 오차는 어쩔 수 없다고 하더라도, 오차를 더 세분하여 살펴볼 수 있다. 오차는 체계적 오차와 비체계 오차로 구분된다. 체계적 오차는 측정 도구나 의도적인 측정에 의해 특정한 방향성을 띠고 있는 오차를 의미하며, 비체계 오차는 의도하지 않았지만 측정과정에서 발생하는 오차를 의미한다.

다음 그림에서 점선 안을 타깃으로 사격한다고 가정하자. 중앙에 있는 검은 점, 전체 집단인 모집단의 평균이라고 생각해도 좋다. 검은 점을 제대로 맞추어야 하는데, 그렇지 못한 것이 현실이다. 말하자면, 현재에 존재할 참을 밝혀내어야 하지만 그렇지 못한 것이 현실이라는 것이고, 그래서 통계는 참을 찾아가는 과정이라고 하는 것이다.

검은 점이 참이라고 하면 어떻게 찾아낼 수 있을까? 나타난 사격 점, 말하자면 발생한 빈도들을 정리하면 될 것이다.

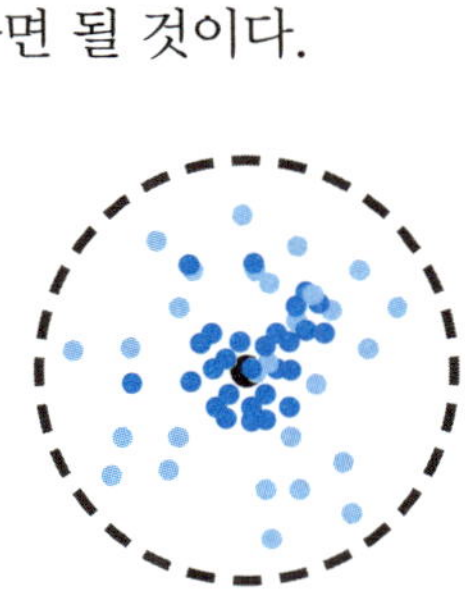

그림에서 체계적 오차와 비체계적 오차를 어떻게 구분하여 정리할 수 있을까? 그러면 조금 더 구체적으로 체계적 오차와 비체계적 오차를 그림으로 다시 정리해 보자.

사격 점이라고 가정한 그림들을 다시 살펴보자.

다음 그림에서 위와 아래를 보면 차이가 있음을 알 수 있다.

위의 그림은 검은 점을 중심으로 모여 있는 사격점이고, 아래 그림은 검은 점으로부터 벗어나 있는 모습을 띠고 있다.

또 왼쪽 그림과 오른쪽 그림에도 차이가 있다. 왼쪽 그림은 어느 한 점으로 모여 있는 모습이고, 오른쪽은 흩어져 있는 모습을 보이고 있다.

위의 그림들은 체계적 오차가 작은 그림이고, 아래 그림들은 체계적 오차가 큰 그림이다. 반면 왼쪽 그림들은 비체계적 오차가 작은 그림이고, 오른쪽 그림

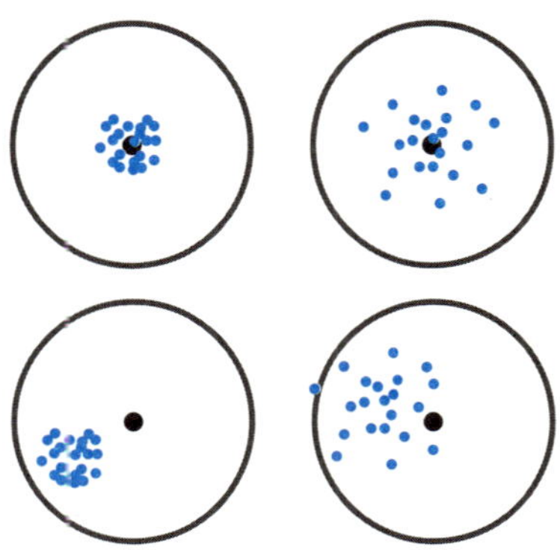

들은 비체계적 오차가 큰 그림이다.

검은 점에 해당하는 것으로, 파악하고자 하는 개념과 속성을 정확하게 측정하는 것을 타당성(validity) 또는 정확성(Accuracy) 분석이라고 한다. 파악하고자 하는 개념과 속성을 얼마만큼 타당하게 측정하고 있는지를 분석하는 통계 기법에는 요인 분석(Factor Analysis)이 있다. 이것은 체계적 오차에 대한 여부를 판단한다.

한편 흩어져 있는 오차에 대한 분석은 얼마나 일관되게 측정하고 있느냐는 것으로 분석한다. 이를 위해서 동일한 개념에 대한 측정 반복으로 일관되게 그 개념과 속성을 측정하고 있는지를 분석하는데, 이를 일관성(Consistency) 또는 신뢰성(Reliability) 분석이라고 한다. 이것은 비체계적 오차에 대한 여부를 판단한다.

연구자들, 특히 사회과학자들이 사회 현상, 경제 현상에 대한 개념을 측정할 때에는 반드시, 요인분석으로 타당성을 검토하여, 제대로 개념을 정리하고 있는지를 제시해야 하고, 신뢰성분석으로 그 개념들이 일관되게 측정되고 있는지를 제시해야 한다. 이론 연구에서는 필수인 것이다. 이런 검토를 끝내야만, 그 다음의 연구나 분석 단계로 넘어갈 수 있다.

여러분들에게 제시했던 7회 6시그마 자격인증시험 1번 문제를 살펴보자. 이 문제는 2009년 6월 14일 시행된 제7회 6시그마 자격인증시험 GB/BB/MBB 문제의 1번 문제로 공통 출제되었고 친절하게 주석을 달아 놓은 문제였다. 〈진실을 묻는 문제가 아니라 통계학적 추론을 묻는 문제입니다.〉라고.

여러분의 생각은 어떠한가?

대니얼 카너먼과 아모스 트베르스키가 아주 자연스러운 분위기에서 이 질문을 던졌을 때, 상당수의 통계학자들이 큰 병원이라고 대답하였다.

과연 맞는 것일까?

그들은 틀렸다. 그렇다면 왜 틀린 것일까?

통계학적으로 진술되지는 않았지만, 우리는 통계의 근본을 다시 생각하는 질문이라는 것을 알아둘 필요가 있다. 통계학자라는 전문가도 기본에서 문제가 있다는 것을 보여주는 것이다. 전문가의 에러?

서구의 연구자들이 찾아낸 중요한 내용이 있다. 앞에서 이산이든 연속이든 사건의 빈도는 중심으로 모이는 경향을 갖는다고 했다. 좀 더 나가면, 표본의 수가 많아질수록 장기적인 평균값은 표본오차(변동)가 적어지면서 안정적인 값을 보이며, 전체 집단의 평균에 다가간다는 기본 통계원리이다.

대수의 법칙(Law of Large Numbers: LLN)이 그것이다.

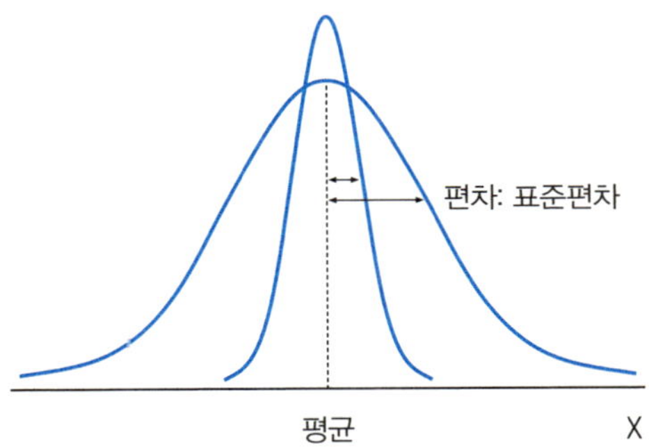

그리고 통계학 연구자들이 밝혀낸 가장 중요한 정리가 하나 있는데, 그 정리는 분석하고자 하는 표본의 수가 많아지면 표본 통계량의 분포가 정상 분포(Normal Distribution)가 된다는 중심극한정리(Central Limit Theorem: CLT)이다. 앞에서 언급한 대수의 법칙을 근간으로 하고, 중심극한정리를 함께 고려하면, 병원에서 출산되는 아이가 많아질수록 사내아이의 출생률은 전체 집단의 평균, 말하자면 50%에 다가간다는 것이다. 따라서 60%라고 하는 것은 변동성이 아직 많은 상태이고, 출생아의 수가 많지 않을 가능성이 큰 것이다. 이러한 사실로 유추해 보면, 큰 병원이 아니라 작은 병원일 가능성이 더 높다는 것이다.

그래서 우리는 오차를 제어하기 위해서 더 많은 표본, 더 많은 빈도를 원할 수 있다. 하지만 현실적으르 쉽지 않기 때문에, 대수의 법칙과 중심극한정리를 통해 작은 표본의 빈도만으로도 더 중요한 정보를 얻기 위해 노력하고 있다.

4

관계와 인공지능, 그리고 빅데이터

생각하는 코너

도대체 일본에는 무슨 일이 벌어지고 있는가?

한국 전쟁을 통해 부활한 일본은 자신들의 군국주의를 제조업으로 되살리면서 일본산 제품으로 미국 경제를 강타하였다. 미국은 1980년대 중반까지 미국 시장을 초토화시킨 일본제품들을 보고 경악하였고, 일본과 일본 기업들을 연구하기 시작하였다.

고민하던 미국은 미국 시장을 점유하는 일본과 독일을 그대로 볼 수만 없었고, 1985년 9월 2일, 미국 뉴욕 플라자호텔로 그들을 불러들여 강제적으로 합의에 이르게 한다. 달러 평가절하와 함께 독일 마르크화, 일본 엔화 평가절상 합의!

일본인들은 엔화가 세계 시장에서 힘을 얻었다고 환호하였지만, 엔화 환율의 지속적인 인하는 일본기업들에게 부담으로 작용하기 시작하였다. 너무 가파르게 오른 부동산과 주식 가격으로, 투자가치매력을 잃고 가격 조정 압력을 심각하게 받게 되었다. 그리고 무역 흑자의 유입량이 감소되었으며, 시중의 돈들은 해외로 발길을 돌렸고, 일본기업들은 해외에서 공장을 짓는 방향으로 투자처를 변경하면서 미국 등의 부동산과 자산들도 마구 사들였다.

그리고 이후 일본은 모든 부분에서 내리막길을 걷기 시작하였고, 거의 모든 산업군에서 기업들이 무너지고 있으며, 잃어버린 세월 30년이 지속되고 있다. 1989년, 세계 시가총액 기준으로 세계 50위 안의 일본기업이 32개나 되었지만, 2019년에는 토요타 단 한 개 기업만 순위에 들고 있었다.

일본에는 도대체 무슨 일이 벌어지고 있는 것일까?

1989년 세계시가총액 랭킹

순위	기업명	시가총액 (억달러)	국가
1	NTT	1,638.6	日本
2	닛폰 흥업은행	715.9	日本
3	스미토모은행	695.9	日本
4	후지은행	670.8	日本
5	다이이치권업은행	660.9	日本
6	IBM	646.5	米国
7	미쓰비시 은행	592.7	日本
8	엑손	549.2	米国
9	도쿄전력	544.6	日本
10	로얄 더치 쉘	543.6	英国
11	토요타자동차	541.7	日本
12	GE	493.6	米国
13	산와은행	492.9	日本
14	노무라증권	444.4	日本
15	신닛폰제철	414.8	日本
16	AT&T	381.2	米国
17	히타치제작소	358.2	日本
18	마츠시타전기	357.0	日本
19	필립모리스	321.4	米国
20	도시바	309.1	日本
21	간사이전력	308.9	日本
22	닛폰장기신용은행	308.5	日本
23	토카이은행	305.4	日本
24	미츠이은행	296.9	日本
25	머크	275.2	米国
26	닛산자동차	269.8	日本
27	미쓰비시중공업	266.5	日本
28	듀퐁	260.8	米国
29	GM	252.5	米国
30	미쓰비시신탁은행	246.7	日本
31	BT	242.9	英国
32	벨사우스	241.7	米国
33	BP	241.5	英国
34	포드	239.3	米国
35	암코	229.3	米国
36	도쿄은행	224.6	日本
37	츄부전력	219.7	日本
38	스미토모신탁은행	218.7	日本
39	코카콜라	215.0	米国
40	월마트	214.9	米国
41	미쓰비시 부동산	214.5	日本
42	가와사키 제철	213.0	日本
43	모빌	211.5	米国
44	도쿄가스	211.3	日本
45	도쿄해상화재보험	209.1	日本
46	NKK	201.5	日本
47	알코	196.3	米国
48	닛폰전기	196.1	日本
49	다이와증권	191.1	日本
50	아사히유리	190.5	日本

出所:米ビジネスウィーク誌(1989年7月17日号)「THE BUSINESS WEEK GLOBAL1000」

2019년 세계시가총액 랭킹

순위	기업명	시가총액 (억달러)	국가
1	애플	9,409.5	米国
2	아마존	8,800.6	米国
3	알파벳(구글)	8,336.6	米国
4	마이크로소프트	8,158.4	米国
5	페이스북	6,092.5	米国
6	버크셔 해서웨이	4,925.0	米国
7	알리바바	4,795.8	中国
8	텐센트	4,557.3	中国
9	JP모건체이스	3,740.0	米国
10	엑손모빌	3,446.5	米国
11	존슨앤존슨	3,375.5	米国
12	비자	3,143.8	米国
13	뱅크오브아메리카	3,016.8	米国
14	로얄더치쉘	2,899.7	英国
15	중국공상은행	2,870.7	中国
16	삼성전자	2,842.8	韓国
17	웰스파고	2,735.4	米国
18	월마트	2,598.5	米国
19	중국건설은행	2,502.8	中国
20	네슬레	2,455.2	スイス
21	유나이티드헬스그룹	2,431.0	米国
22	인텔	2,419.0	米国
23	앤호이저부쉬 인베브	2,372.0	ベルギー
24	쉐브론	2,336.5	米国
25	홈데포	2,335.4	米国
26	화이자	2,183.6	米国
27	마스터카드	2,166.3	米国
28	버라이즌	2,091.6	米国
29	보잉	2,043.8	米国
30	로슈홀딩스	2,014.9	スイス
31	TSMC	2,013.2	台湾
32	페트로차이나	1,983.5	中国
33	P&G	1,978.5	米国
34	시스코	1,975.7	米国
35	토요타자동차	1,939.8	日本
36	오라클	1,939.3	米国
37	코카콜라	1,925.8	米国
38	노바티스	1,921.9	スイス
39	AT&T	1,911.9	米国
40	HSBC	1,873.8	英国
41	차이나모바일	1,786.7	香港
42	루이뷔통모에헤네시	1,747.8	フランス
43	시티그룹	1,742.0	米国
44	중국농업은행	1,693.0	中国
45	머크	1,682.0	米国
46	월트 디즈니	1,661.6	米国
47	펩시콜라	1,641.5	米国
48	중국평안보험	1,637.7	中国
49	토탈	1,611.3	フランス
50	넷플릭스	1,572.2	米国

*7月20日時点。各種データを基に本誌編集部作成

통계의 세 번째 핵심, 관계는 통계가 진심으로 바라는 꿈이자 목표이다.

앞에서 언급한 빈도와 오차가 한 사건을 이해하기 위한 것이라면, 관계는 두 개 이상의 사건들 사이를 이해하기 위함이다.

세상에 벌어지는 사건들이 독자적으로 나타나는 것이 아니라고 하면, 한 사건이 다른 사건에 일방적이든 쌍방적이든 영향을 미치는 것이라면, 이 사건들의 관계를 이해하고, 앞으로의 변화에 깊은 관심을 갖지 않을 수 없을 것이다.

우리는 먼저 특정 시점에서 한 사건의 빈도만으로 판단하기 어렵다면, 시간에 따른 사건의 추세 변화를 통해서 더 많은 정보를 얻을 수 있을 것이다. 그리고 한 사건의 빈도만으로 판단이 어렵다면, 유사한 또는 관련 있는 사건들의 빈도를 함께 비교하거나 대비하면서 살펴보면 더 나은 결정에 도달할 수 있다. 나아가서 상호 연관 강도(상관)의 관계를 통해, 원인-결과(인과)의 관계를 통해 많은 정보를 얻을 수 있을 것이며, 더 나은 결정에 도달하게 될 것이다.

통계를 방법론으로 채택했던 서구의 사람들도 마찬가지였다. 모든 관계를 파악하려는 목적은 올바른 예측과 결정을 이끌어 내려는 통계의 목적에도 그대로 부합되는 일이다.

그러나 이것은 통계에서만 나타나는 현상뿐만 아니라, 모든 지식 체계에서 나타나고 있는 사실이다. 우리 인류는 다양한 관계를 통해서, 이 사회에서, 그리고 자연에서 이루어지는 비밀들을 풀어 헤쳐 보려고 한다.

그리고 우리가 아직 알지 못하는 새로운 관계를 찾아내서 비즈니스의 수익 창출에 활용하거나, 인류 공동체의 나은 삶의 질을 향상시키려고 노력할 것이다.

네덜란드 암스테르담 스키폴 공항의 남자 화장실에는 소변기 중앙부에 검은색 파리가 그려져 있다. 이 건물의 확장공사를 감독한 경제학자 아드 키붐(Aad Kieboom)의 아이디어로 만들어진 것이다. 그러자 사람들은 소변을 보면서 파리 그림을 맞혔고 변기 밖으로 튀는 소변은 80%나 줄어들게 되었다.

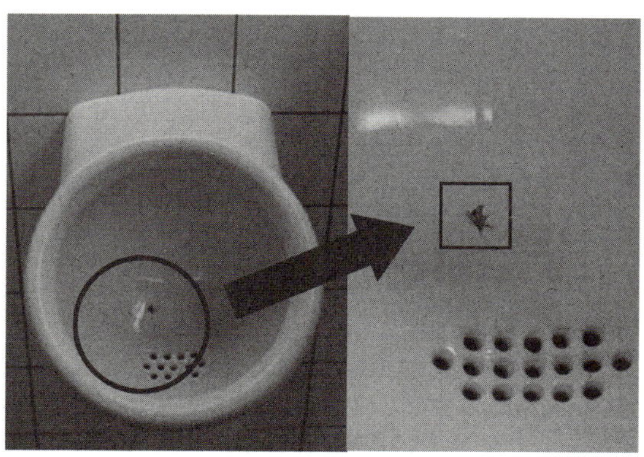

앞의 사례는 넛지(Nudge)라는 책에 소개된 내용이다.

넛지(Nudge)는 책 표제에서도 나와 있듯이 똑똑한 선택을 이끄는 부드러운 힘으로, 어떤 강제적인 힘(금지나 인센티브 제공)을 활용하지 않고 인간 행동에 대한 이해를 기반으로 예측이 가능하고 똑똑한 선택을 이끌어내는 힘이라고 하였다.

이는 인간 행동을 관찰하여 우리가 아직 알지 못하는 무궁한 관계들을 알아내려는 노력들의 일환이다.

그런데, 저자는 고속도로를 다니면서 우연찮게 경부고속도로의 한 휴게소에서 스키폴 공항의 화장실에서 봄직한 아이디어가 그려진 그림을 본 적이 있다. 재미있어서 사진을 찍어 두었는데, 이것은 스키폴 공항의 벌레 디자인과는 달리, 사람들에게 별로 좋은 모습을 보여주지 못한 것으로 보였다. 시간이 지난 후, 다시 들린 휴게소의 화장실에는 이 디자인은 사라지고 없었다.

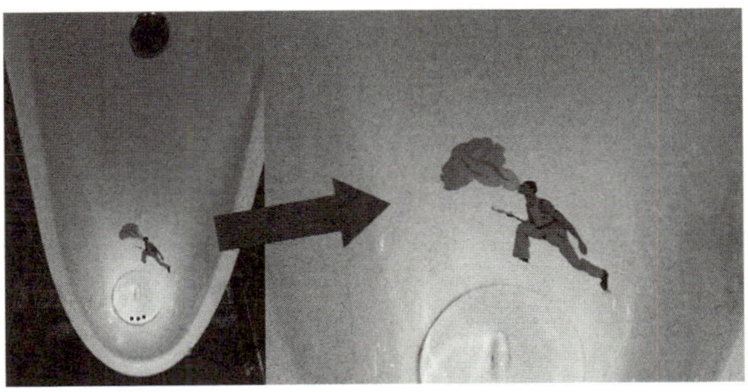

사람들의 마음을 강제하지 않고, 부드럽게 이끌어내야 하지만 이 디자인은 그렇게 하지 못하였다. 이 디자인의 의도는 불을 내뿜는 사람의 불을 끄라고 하는 메시지 같지만, 이 디자인은 어딘가 불편함을 주고 사람들의 자연스러운 마음을 끌어내기에는 문제가 있어 보인다.

미국의 대형 슈퍼마켓인 월마트가 쇼핑 카트의 크기를 대형으로 바꾸면서,

사람들의 자연스러운 매출 욕구를 끌어 올렸고, 전자레인지와 같은 대형 상품의 매출이 50% 이상 급등하였다는 사실도 마찬가지다. 대형마트에서 아기 기저귀 제품 옆에 가벼운 주류 제품들을 진열하는 것도 마찬가지 이유이기도 하다.

이렇게 우리는 우리가 여전히 알지 못하던 관계를 찾아내려고 한다. 그것이 비즈니스의 수익 창출의 일환이든, 인류 공동체의 보다 나은 삶을 위해서든.

수많은 사건 X(영향 변수)들이 사건 Y(성과 변수)에 영향을 미친다고 가정하면, 우리는 하나의 사건을 대할 때보다 더 많은 정보를 얻게 되고, 그만큼 양질의 결정을 내릴 수 있게 된다. 그림의 수식 끝에 붙어 있는 꽁다리(ε)는 오차를 의미한다. 통계는 오차를 최소화할 수 있는 그런 관계를 찾고자 한다.

오차라는 꽁다리가 없으면 확정 모형이라고 하고, 오차 꽁다리가 있으면 확률 모형이라고 한다.

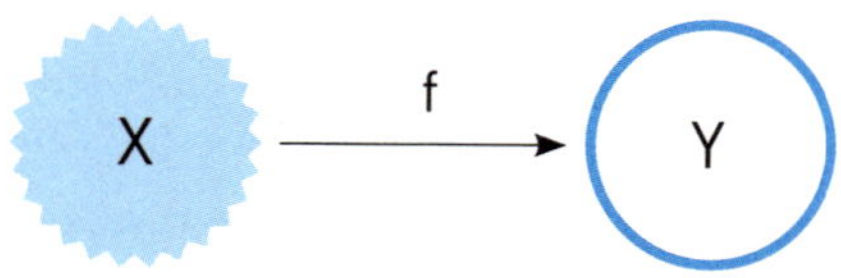

$$Y=f(X_1,\ X_2,\ \cdots,\ X_n)+\varepsilon$$

통계에서의 관계에는 다양한 모습이 있다. 다음 그림에서 보다시피 ①과 같은 단순 비교 관계이거나 상관관계(correlation)의 모습도 있을 것이다. 그리고 ②와 같은 인과 관계(causality), ③과 같은 매개 관계(mediation)도 있고, ④와 같은 조절 관계(moderation)도 있을 것이다.

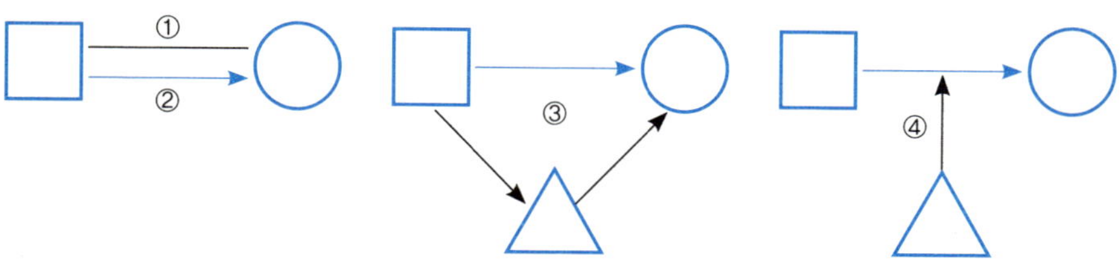

이러한 다양한 관계들을 통해, 성과변수 또는 종속변수에 영향을 미치는 새로운 변수들은 무엇인지? 어느 정도의 강도로 영향을 미치는지? 양의 영향인지 아니면 음의 영향인지? 통계적으로는 유의미한지? 등을 찾아내려는 것이다. 그렇게 해서 통계적으로 유의미한 영향변수 또는 독립변수들을 찾아 우리의 삶 속에 활용하려 한다.

기업의 성과에 구성원들의 동기 부여는 과연 영향이 있는가? 대표이사의 리더십은? 구성원들의 임금 수준은? 등등에 대한 관계 물음에 더 구체적인 정보를 얻을 수 있을 것이다.

국제 무역 관계에서도 시장 수요-공급의 관계에 따라서, 제품 가격이 하락하면 수출량이 증가하고, 제품 가격이 상승하면 수출량이 감소하는 것은 그동안 알고 있었던 상식이었다. 그런데 1998년부터 매우 이상한 일이 벌어졌다.

다음 그림은 1998년부터 2008년까지의 달러당 원화(검정 선)와 수출증감률(파란 선)에 대한 한국은행 자료이다.

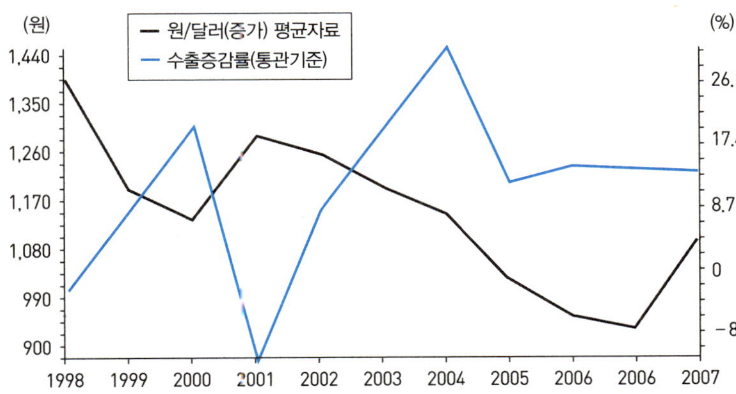

1998년부터 2000년의 추세 흐름을 보면, 달러당 원화가 감소하였다. 달러당 원화가 내렸다는 것은 달러로 환전하는 원화가 내렸다는 것이고, 이는 원화 강세가 나타난 것이다. 말하자면 달러로 구매할 수 있는 제품의 가격이 올랐다는 말이다. 제품의 가격이 올랐음에도 수출은 오히려 증가하는 현상이 발생한 것이다. 반대로 2000년부터 2001년까지 반대 현상인데 수출이 줄었고, 2001년부터 또다시 1998년부터의 현상이 나타나고 있었다.

일반적으로 우리가 시장에서 알고 있던 가격이 오르면 제품의 수요가 감소하고, 가격이 내리면 제품의 수요가 증가해야 하지만, 반대 현상이 무역 현실에서 나타나고 있던 것이다. 왜 이런 현상이 발생하였을까?

우리는 우리나라 무역 현실에서 새로운 관계가 형성되고 있음을 목도한 것이다. 그런데 이러한 현상이 무역거래에서만 나타난 것은 아니었다.

기존의 수요-공급 시장과는 다른 관계의 모습이 나타난 것은 바로 제품의 질, 소위 품질 중시라는 새로운 기준 관계가 개입되었기 때문이다.

실제 이 무렵, 해외 시장에서 한국산 제품들이 품질 성과의 결실을 얻으면서, 일본 제품을 밀어내고 최우수 제품으로 시장의 선호를 받는 모습이 나타나기 시작하였다. 가격이 높아졌음에도 불구하고 품질에 대한 선호가 반영되면서 더 오르기 전에 구매하려는 모습이 나타난 것으로 판단된다.

아마도 이때부터 한국 제품에 대한 이미지 상승과 함께 한류에 대한 새로운 발걸음의 시작 신호로 받아들여도 무방하지 않을까 하는 생각이다.

이렇게 세상은 기존의 관계에서 새로운 관계가 형성되기도 한다. 우리는 이러한 변화를 예의주시해야 할 것이다.

글로벌화되어 네트워크처럼 엮어져 있는 우리 사회는 세계의 변화 모습에 많은 영향을 받고, 동시에 영향을 주고 있다. 더욱더 관계가 복잡해지고, 무역의 현상에 보듯이 새로운 관계에 대한 판단이 더욱 필요해지고 있다.

새로운 관계를 찾고자 하는 노력들이 기존의 통계 지식과 기술을 넘어 새로운 영역으로 확대되었다. 데이터 집적을 토대로 새로운 데이터 지식을 통합한 데이터 사이언스(Data Science) 학문 영역이다. 이와 연계하여 4차 산업 혁명의 기반이 되고 있는 인공지능 역시 새로운 관계를 찾으려는 노력의 산물이라고 할 수 있다. 인공지능 중에서도 특히 기계학습(Machine Learning: ML)은 새로운 관계를 찾으려는 노력이 극대화된 것이라 볼 수 있다.

지금까지 진행해 왔던 기존의 프로그래밍 방식이나 문제해결 방식은 아래 왼쪽 그림처럼, 입력 데이터가 있고, 관계(function(f) 또는 알고리즘)를 사전에 알아서, 성과변수의 변화를 알아보려는 것이었다. 이는 기존의 관계에 대한 충분한 지식이 있다는 전제에서 진행된 것인데, 상황의 변화에 따라 만약 새로운 관계가 형성된다면, 우리는 그 관계를 찾아내어야 한다.

아래 오른쪽 그림과 같이 실제 현상에 나타난 입력 데이터와 출력 데이터를 토대로 새로운 관계를 찾아내야 하는 것이다. 그 관계를 기계학습(ML)으로 찾아내려는 것이다. 기계학습 자리에 게임이나 자율주행을 갖다 놓아도 된다. 이해할 수 있겠는가?

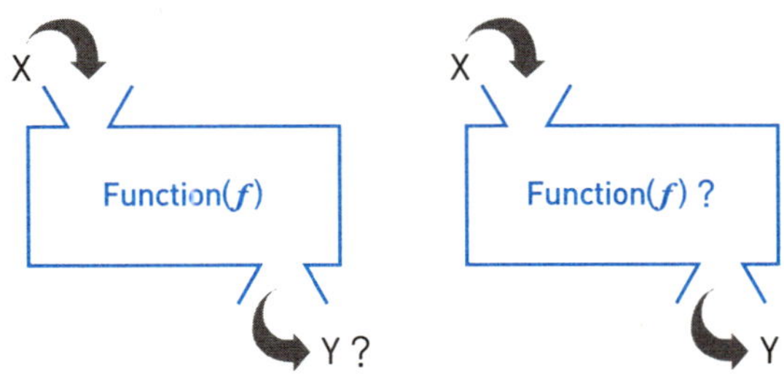

기계학습의 방식은 통계에서 예측 모형을 찾는 것과 똑같은 모습이다. 통계가 서구 모든 학문의 기초인 것처럼, 인공지능의 지식 또한 통계 지식과 기술을 베이스로 한다고 보면 된다. 그런데 이 관계를 찾기 위해서 대단한 노력을 기울여야 한다. 대단한 노력이라 하는 것은 바로 어마어마한 데이터가 필요하다는 것이고, 그 데이터로 훈련을 시켜야 한다는 것을 의미한다. 얼마나 많은 데이터가 필요할까? 그 어마어마한 데이터를 통상 Big Data라고 한다. 대문자의 Big은 그냥 큰 정도가 아니다.

최소 10 Terabyte의 데이터가 필요하다고 한다. 이 정도의 데이터라고 하는 것은 1,200만 화소 카메라로 찍은 사진 250만 장, 영화 2,500개 혹은 5,000시간 길이 HD 동영상, Office 파일, PDF, 프레젠테이션 65만 페이지로 서류 캐비닛 13,000개에 보관할 수 있는 문서에 상응하는 양에 해당하는 데이터이다. 그래서 Big Data라고 하고, 그 빅데이터를 수집, 저장, 처리, 분석하는 새로운 방법들이 필요해진 것이다.

그런데 우리가 빅데이터 분석 등으로 말하고 있는 조사들의 데이터양이 과연 이만큼 되는 것일까? 아마 비슷한 정도는 될 수도 있지만, 그렇게 많지는 않을 것이다. 말하자면 빅데이터의 기준을 만족하지 않는 경우가 대다수라는 것이다. 그럼에도 대다수 사람들은 그냥 빅데이터라고 말하고 있는 상황이다.

인공지능, 기계학습과 빅데이터는 서로 맞물려 돌아가는 톱니바퀴와 같다. 이들이 제대로 작동하기 위해서는 성능이 대폭 개선된 컴퓨터 처리능력, 더 많은 빅데이터, 더 나은 알고리즘 개발을 포함하여 말 그대로 엄청난 투자가 필요해졌다. 그래서 사실 쉬운 일이 아니다. 이런 어마어마한 투자를 바탕으로 인공지능을 훈련하고, 그래서 적절한 새로운 관계 모형이 모색되고, 예측 결과를 더 개선하려고 시도하고 있다.

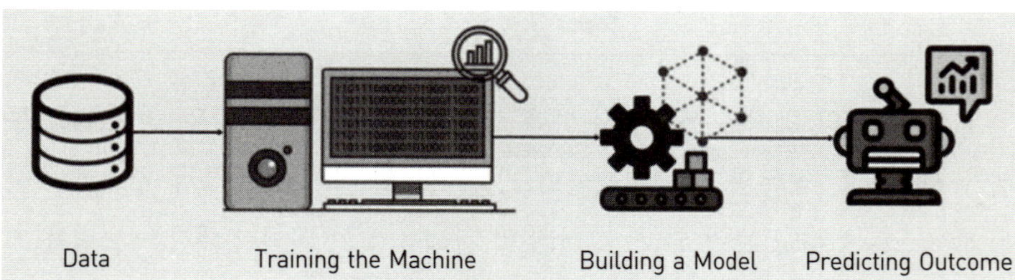

이러한 기계학습도 쓰임새에 따라, 관계를 찾기 위한 훈련 방식의 차이가 있다. 답(label)이 있는 투입변수에 대해, 알고 있는 산출변수가 피드백으로 주어진다면, 쉽게 알고리즘을 학습할 수 있게 되는데, 이 유형을 지도학습(Supervised Learning)이라고 한다. 보통 이 경우는 위험을 평가하거나 매출액 예측 등에 활용한다.

피드백	Direct	지도 학습(Supervised Learning)
	No	비지도 학습(Unsupervised Learning)
	Indirect	강화 학습(Reinforcement Learning)

반면 어떤 힌트나 답(label)도 없는 투입변수에 대해 산출변수가 나타나지만, 답에 대한 피드백이 없다면, 관계 형성이 어렵기 때문에 대개 분류하는 시스템에 주로 적용한다. 그래서 프로그램 추천 시스템이나 카드 이상 거래 등의 비정상적인 상황을 탐지하는 경우에 활용하고, 이 유형을 비지도 학습(Unsupervised Learning) 알고리즘이라고 한다.

그리고 이와 다른 알고리즘으로 강화 학습(Reinforcement Learning)이 있다. 여기에서 학습하는 시스템을 에이전트(Agent)라고 하며, 특정 환경(Environment)에서 에이전트가 행동(Action)하는 것에 따라 보상(Reward)을 받게 되는 유형이다. 이 유형에서는 시간이 지나면서 가장 큰 보상을 얻기 위해 최상의 전략인 정책(policy)을 간접적으로 학습하고, 최적의 정책에 따라 행동을 선택해 나가는 유형의 기

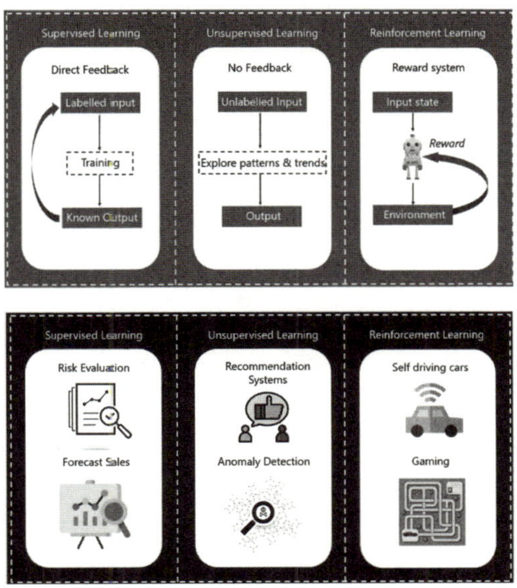

계학습이다. 이것은 여러분들이 잘 아는 자율주행차량 메커니즘 또는 게임에 가장 많이 활용하고 있다.

2016년, 인공지능 알파고가 바둑에서 한국의 천재 기사인 이세돌 9단과 세기의 대결을 펼쳤고, 5전 4승 1패의 전적으로 세간을 놀라게 하였다. 사실 당시 알파고는 이세돌 9단과 대결하기 위해서, 1,200대의 CPU가 동원되었으며, 소모 전기량도 1MW 전기를 사용하였다. 그러나 이세돌 9단은 두뇌 전기 소모량으로 알파고의 1/50,000밖에 사용하지 않았다는 사실은 인공지능의 갈 길이 아직 많이 남았다는 것을 말해준다. 그럼에도 불구하고 인공지능 기술은 엄청나게 발전하고 있다.

4차 산업혁명에서는 인공지능 기술이 더욱 심화되고 있으며, 우리나라는 세계 3위 수준의 인공지능 기술 보급률을 갖추어 나가고 있다. 기술 선도 기업은 후행 기업 생산성과 격차를 더욱 벌려놓게 되었고, 교육이 기술발전에 뒤처지면서 사회후생과 빈부의 격차가 확대되는 경향이 나타나고 있다. 특히, 중소기업 근로자에 대한 디지털 및 데이터 문맹 해소가 더욱 필요해지고 있다는 사실은 우리들에게 해결해야 할 새로운 과제가 등장하고 있음을 알려주고 있다.

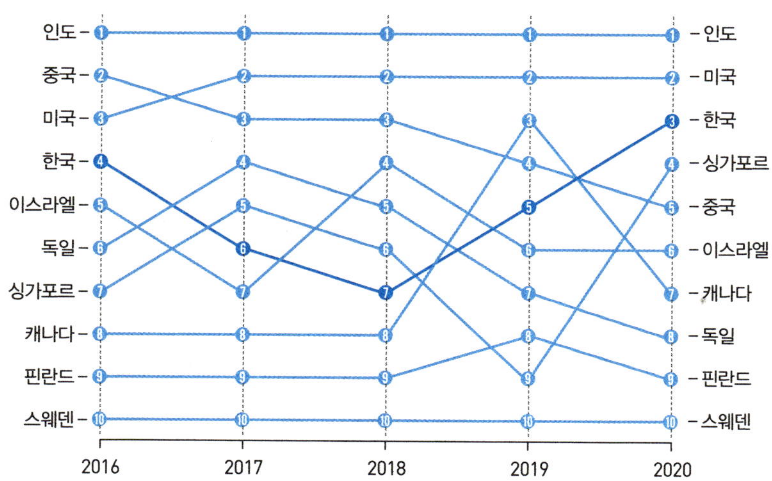

5

Data Science로의 진화

생각하는 코너

산업혁명은 두 번의 혁신 과정을 거친다.

새로운 기술이 인류 역사에 등장하면, 혁신을 한 번에 하는 것이 아니라, 두 번의 변화 과정을 거치게 된다.

첫 번째 혁신 과정은 도구만 교체된다. 그리고 일정한 시간이 지나면 도구와 함께 일하는 방식이 교체되면서 완전한 혁신이 이루어진다.

동력이 증기기관에서 전기로 바뀌는 2차 산업혁명 과정에서, 가장 먼저 증기기관에 있던 동력 수단이 전기 동력으로만 자리바꿈을 하였고, 이후 또 다른 변신을 도모하게 되었다. 이상하다고 느낀 사람들이 새로운 동력으로 일하는 방식(생산방식과 업무방식 등)을 완전히 바꾸어 버리는 것이다.

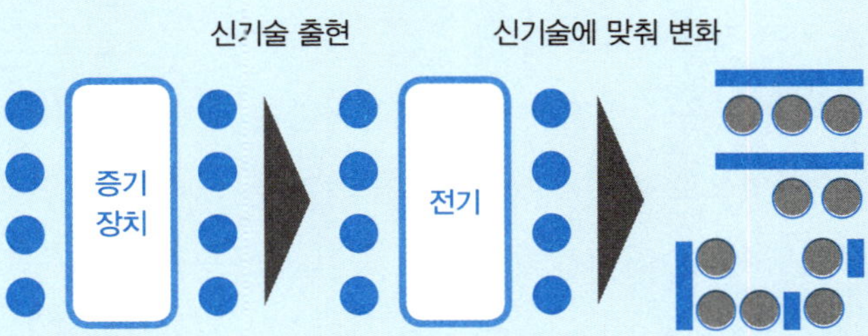

정보통신기술에 의한 3차 산업혁명 역시, 처음에는 기존의 전화로 예약하던 것을 인터넷으로 도구만 교체하였고, 이후 두 번째 혁신 과정을 통해 완전한 혁신을 이루었다. 인터넷을 도구로만이 사용하는 것이 아니라 인터넷으로 일하는 방식을 완전히 변경한 것이다. 인터넷을 바탕으로 일하는 방식, 사회 소통 방식, 부의 창출 방식이 완전히 변하고 있다.

일하는 방식을 바꿔야 한다는 Business Process Re-engineering이 선풍적인 인기를 끈 것도 이때의 일이고, 경제도 one-side 경제가 플랫폼 경제로 완전히 탈바꿈하게 되었다. 지식 체계도 바뀌고 있다. 우리는 지금 혁신하고 있는 중이다.

전화 예약

호텔예약사이트
인터넷으로 예약

Airbnb
방을 찾는 여행자와
방이 남는 사람을 연결

근래 들어 많은 영역에서 어마어마한 양의 데이터들이 발생되고 있고, 이러한 데이터와 정보의 홍수 속에 오히려 우리는 당장 현실 삶에 바로 쓸 수 있는 지식이 오히려 기근 상태이기도 하다.

아무튼 현재 상황은 수집되고 있는 어마어마한 데이터의 양과 복잡성으로, 이제 더 이상 수작업으로 할 수 없는 상황이 되었다. 그리고 인공지능(Artificial Intelligence), 데이터마이닝(Data Mining), 기계학습(Machine Learning), 자연어처리와 비즈니스 인텔리전스(Business Intelligence) 등의 신기술과 신지식들이 나타나면서 가장 기본이 되는 통계 지식과 기술을 더욱 주목하고 있는 상황이다.

이러한 신기술과 신지식들은 통계와 연계되면서, 자연과 사회에 대한 인지력이 확대되고, 새로운 지식으로 우리들의 인식 지평이 확대되고 있다. 최근에는 데이터와 관련된 지식들을 체계화하여 Data Science가 출현하였다.

해당 영역의 지식과 통계 지식 및 기술, 데이터 저장/분석/시각화의 데이터 공학 등의 지식들이 체계화되면서 Data Science로 새로운 학문 영역이 출현한 것이다.

Data Science 영역은 정형과 비정형 형태의 다양한 데이터로부터 지식과 통찰력을 추출하는데, 데이터 마이닝(Data Mining) 기법 등을 포함하여 과학적 방법론, 프로세스, 알고리즘, 시스템을 동원하는 융합 분야다.

앞에서 우리는 Data Science라는 지식 체계를 통해 데이터 탐사를 비롯하여 새롭게 데이터 체계를 구축하고자 하였고, 이론, 실험, 그리고 시뮬레이션을 통합하려는 노력이 진행되어왔다고 언급하였다.

이제는 데이터에서 새로운 지식을 찾아 나서는 노력들이 수없이 전개되고 있다. 그러한 노력들의 대략적인 전개 과정은 다음의 그림으로 정리할 수 있다.

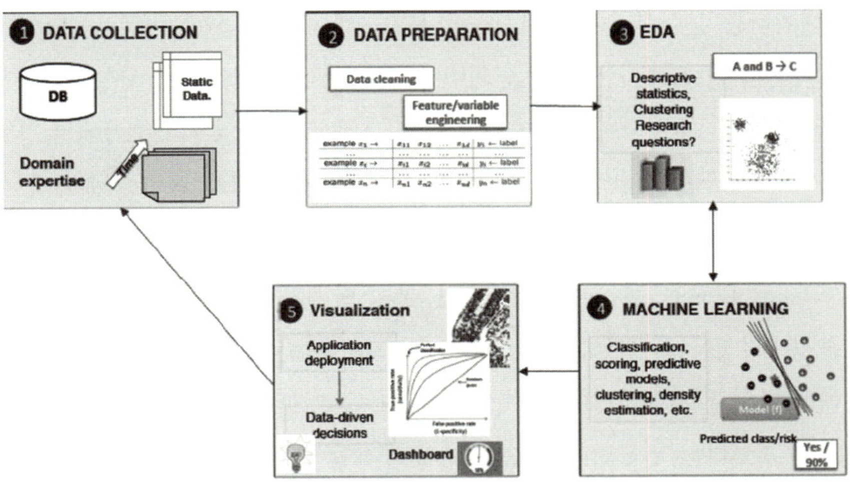

통계 기본에서 했던 것처럼, 가장 먼저 데이터를 수집하는 것으로 시작한다. 다만 알아두어야 할 것은 Data Science에서는 빅데이터를 고려해야 하므로, 빅데이터 수집, 저장, 처리와 같은 새로운 방식도 도입해야 한다.

다음 단계는 전처리 과정이라고 하며, 수집한 데이터를 정제하는 과정이다. 분석 처리하기 전, 데이터의 일관성을 유지하기 위한 데이터 정제(data cleansing)를 하며, 문제해결 또는 분석과 관련된 변수(또는 특성)들의 적절성을 검토한다. 그리고 관찰치의 결측 여부, 이상값(outlier) 처리, 논리 위배 여부 등을 검토하여 관련성이 있는 값으로 수정하거나 배제하는 과정이다. 데이터 전처리 과정에서는 분석하고자 하는 입력변수에 대한 선택, 변환, 차원 및 정보량 축소 등의 처리가 이루어진다. 특히, 차원 및 정보량 축소는 앞에서 언급하였듯이 요인분석(Factor Analysis) 기법을 이용하여 수많은 변수를 압축된 요인으로 묶어서 처리할 수 있도록 조정한다.

데이터 전처리 과정을 거치고 나면, 데이터 탐색(Exploratory Data Analysis: EDA)이 이루어진다. EDA는 데이터 분석 또는 탐색 과정으로, 데이터 분석에 앞서 가장 먼저 이루어지는 단계로 데이터를 이해하는 과정이다.

데이터를 분석하기에 앞서, 데이터의 특성이 무엇인지, 어떤 구조로 이루어졌는지, 측정한 변수는 무엇을 의미하는지, 어떻게 데이터가 생성되었는지를 파악함으로써, 데이터에 관해 직관을 얻는 단계이다. EDA는 누군가에게 명확하게 증명하는 작업이 아니라, 여러분 자신이 문제를 해결하기 위해 데이터 상황을 먼저 이해하는 과정인 것이다.

그리고 EDA는 데이터를 확증하는 분석 단계가 아니다. 가설도 없고 모형도 존재하지 않는다. 탐색이라는 것은 풀고자 하는 혹은 풀 것 같은 문제에 대한 이해가 연구 진행과정에서 변경되는 것을 의미한다. 따라서 한 번에 완벽하게 하는 것보다는 반복적이고(iterative), 순환적인 특성을 갖고 있으며, 데이터를 시각화 혹은 변환하여 체계적인 방법으로 탐구하는 방법과 활동을 수행하게 된다. 이러한 입장에서, EDA는 엄격한 규칙이 있는 공식적인 과정은 아니다. 말하자면 생각 표현 방법(a state of mind, 또는 사고방식)이며, 데이터 탐색 초기 단계에서 데이터와 관련된 모든 것들을 아이디어에 제한 없이 자유롭게 조사하는 과정이다. 그렇기에 EDA는 근본적으로 창조 과정이라고 할 수 있으며, 이 과정에서는 필요하고 좋은 질문을 함으로써 소기의 목적을 달성할 수 있다.

그럼에도 불구하고, EDA는 데이터의 품질 조사가 기본이 되어야 한다. 필요에 따라, 데이터 클렌징(cleansing)이 요구되기도 하며, 데이터에 대해 기대하는 바에 충분한 질문이 이루어져야 하고, 데이터 시각화 및 변환, 모델링 등도 필요하기도 한다. 이러한 과정들은 바로 Data Science 과정의 핵심적인 부분이고, Data Science 학자들에게 데이터 파악을 위한 기초적인 태도이자 방법이라 할 수 있다.

Machine Learning 분석 단계에서는 EDA 단계에서 검토된 분석 기법과 분석 알고리즘, 나아가서 Machine Learning의 학습 유형을 통하여 합리적인 대안(solution)을 얻게 된다. 이 결과는 시각화 단계에서, 의사결정자 또는 정보수용자가 가장 잘 파악할 수 있도록 다양한 시각화가 이루어진다. 이러한 과정을 통해 필요하다면, 더 많은 정보를 획득하거나 수집해야 하는 상황도 전개될 수 있다.

이러한 과정들을 기본으로 해서 데이터를 수집, 저장, 분석 처리하고 시각화를 통한 소통으로 현실 활용을 극대화해 나가게 된다.

통계가 더욱 발전한 Data Science 지식 체계는 데이터를 통해 실제 현상을 이해하고, 분석하는데 통계학을 근간으로 데이터 분석, 기계학습과 연관된 방법론을 통합하는 개념임을 이해하는 것이 필요하다.

4차 산업으로의 변화는 우리의 교육 방식과 지식 체계마저 바꾸어 놓고 있다.

우리는 지금 4차 산업혁명이 진행 중인데, 그동안 도구만 교체하다가 현재는 인터넷을 통한 새로운 시장 질서가 변경되고 있는 중이다.

리드 헤이스팅스(Wilmot Reed Hastings)가 창업한 비디오 렌탈 벤처기업인 Netflix는 미국 최대 비디오 렌탈 기업이었던 블록버스터(Blockbuster)를 파산시켜 버렸다.

2015년 미국 최대 오프라인 기반 대형마트인 월마트의 가치를 인터넷기반 온라인 마트 아마존이 넘어서 버렸다.

2020년 7월, 이전에는 비교가 되지 않았던 테슬라가 세계 최대 자동차 기업 토요타의 기업 가치를 넘어버렸다. 시장은 내연기관의 자동차를 버리고 새로운 전기자동차의 세계로 넘어가고 있다. 아직 바뀌지 않은 것은 무엇일까?

우리는 무엇을 바꾸어야 할까?

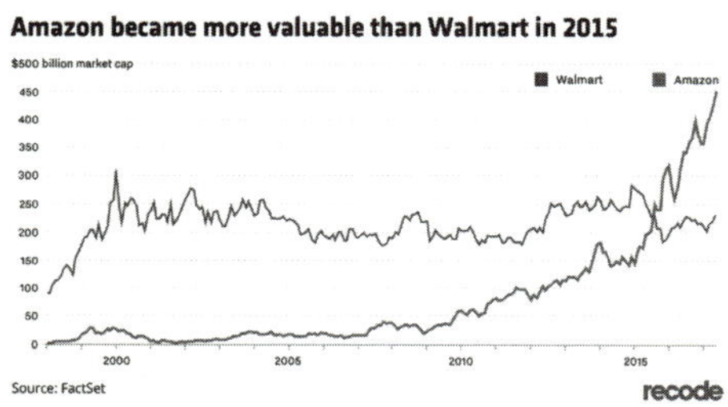

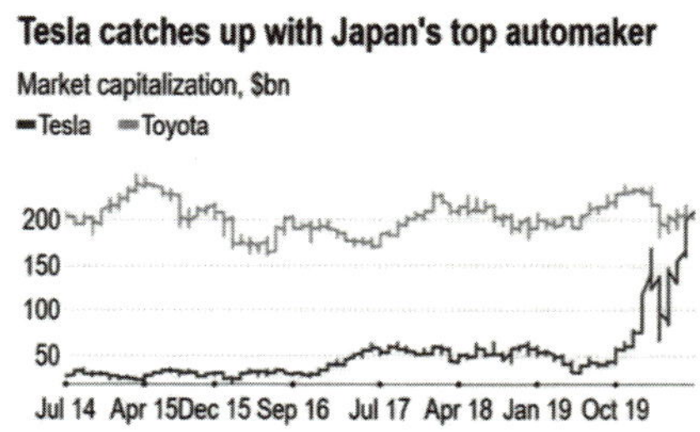

6

일자리의 핵심, 기업을 바로 알자

생각하는 코너

심리가 경제에 미치는 문제가 심각하다!

동아일보는 2002년 5월 6일부터 산업공동화가 심각하다는 논조의 글을 올리면서 부채질을 하였고, 이후 다른 언론들도 동참하면서 복사하듯 줄기차게 보도하기 시작하였다. 급기야 2003년 8월 20일 삼성경제연구소까지 동참하면서, 제조업 공동화는 고용감소와 이공계 감소로 이어지고, 나아가서, 신산업기술 창출이 미흡해지며, 혁신능력은 부족해지고, 급기야 성장잠재력이 약화되어, 치열한 세계 경쟁 대열에서 탈락하게 된다는 요지의 글을 일반에게 공개하게 된다.

이후 국민들도 진실로 받아들이기 시작하면서, 경영수지 흑자임에도 불구하고, 투자와 고용을 축소시켰으며, 소득이 증가하였음에도 지갑을 닫아 버려 시장을 급랭하게 만들어 경기 부진을 부추기고, 성장률 부진의 결과가 나타나게 되었다.

실제로는 아무 일이 일어나지 않았다. 일부 고임금을 견디지 못한 기업들이 일부 중국과 동남아로 나간 것뿐이었다. 또 노동 집약적인 기업들이 해외로 나갈 채비를 하고 있지만, 그들이 말하는 산업공동화하고는 너무나 거리가 멀었다.

한참 성장 가도를 달리고 있던 한국 경제를, 이상한 글들이 지속되면서, 마치 진실이 되어 버린 일반화의 오류가 나타나, 침체의 늪으로 빠트리게 한 사건 산업공동화 오류, 왜 이런 오류가 일어난 걸까? 생각해 보자.

우리가 살아가는 사회에는 인과율이 적용된다. 원인이 있어서 관련된 결과가 나타난다는 것이다. 모든 문제가 다 그렇겠지만, 특히 경제 문제에서는 더욱 원인과 결과를 바뀌어 놓고 생각할 수 없다.

먼저 모든 부문에서 수요와 공급이 경쟁하면서 균형을 이루어 나가려고 한다. 그러나 수요와 공급이 경제 교과서에 나오는 수요-공급의 균형점은 현실에서 바로 만나기 어렵다. 그 이유는 수요와 공급의 성향이 다르기 때문이다.

수요는 반응이 민감하지만 속도가 느리다. 반면 공급은 반응에 대한 민감성은 떨어지지만 일단 시작되면 속도가 빠르다. 그림으로 알아보면 다음과 같다.

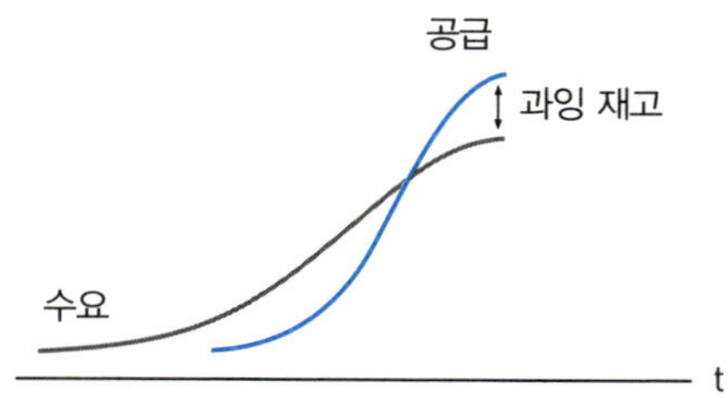

가격이 떨어지면 시장은 바로 반응하여 구매 행위가 일어난다. 즉 수요 반응이 빠르게 나타나는 것이다. 그러나 시장의 속도는 그렇게 빠른 걸음이 아니다. 반면 시장에서 구매 행위가 일어나면, 기업은 시장의 반응을 보고, 설비를 구축하거나 사람을 고용하는 등 생산 준비를 하게 된다. 즉 공급의 반응은 한 템포 느리다. 그러나 일단 생산 활동이 시작되면, 시장의 수요를 빠르게 잡아낸다. 말하자면 공급과 수요에는 시차(time lag)가 존재하는 것이다. 그 시차로 인하여 현실에서 교과서와 같은 수요-공급 균형점은 만나기 어렵다는 것이다.

우리가 현실에서 만나는 경제 현상은 수요와 공급이 상호작용하여 만들어내는 현상이다. 수요가 공급보다 많으면, 시장의 가격이 올라가고, 경기 상승으로 진행된다. 그러다가 공급이 수요 속도를 따라잡아, 공급이 많아지면 자연스럽게 기업 간의 경쟁으로 가격이 하락하고, 경기 하강으로 진행된다.

여기에 만약 수요와 공급, 어느 한쪽에서 의도된 일방적인 변화가 나타난다면, 그것은 경제 현상을 왜곡시키고 시장의 앙화를 만나게 된다.

전 세계적으로 겪었던 1차 석유파동이 그것이다. 당시 중동의 산유국 중심으로 일방적인 가격 상승이 있었다. 즉, 공급 부문에 의한 폭등이었는데, 4.3달러에서 11달러로 폭등하였다. 2차 석유파동, 역시 이란 내분으로 인한 중동 산유국들의 일방적인 가격 인상이 있었고, 이들은 세계적인 물가 상승을 만들게 되었다. 그리고 소비가 위축되었으며, 경기가 하강하면서 전 세계적으로 경제 침체가 장기화되었다.

2008년도에는 과거에 비하면 엄청난 석유 가격 상승이 있었는데 왜 경기침체가 없었을까?

과거와는 다르게, 이때에는 수요 부문에서 수요가 급증하면서 유가가 상승한 것이었다. BRICS 등의 국가들이 빠르게 경제가 성장하면서 더 많은 석유를 필요로 하였다. 그러면서 유가 상승이 지속된 과거 10년 동안 오히려 세계 경제는 호황을 구가하였다. BRICS 등의 국가들은 경기호황 속에 값싼 수출품을 대량 공급하면서 다른 나라에 특수를 제공하고 세계 물가를 안정시킨 것이다.

우리는 가격 상승이 이렇게 다른 차이를 보였다는 것을 이미 잘 알고 있다. 이것은 세상 모두가 경험한 경제 교본이었다.

공급 부문으로 인한 상승과 수요 부문으로 인한 상승의 결과가 너무 다르게 나타난 것이다.

수요 부문의 수요 급증은, 기업이 생산 활동을 하면서 일자리가 생긴다. 하지만 기업이 어려우면 아무리 강제하여도 일자리 창출은 물 건너간다.

그러므로 일자리는 생산의 주체인 기업에게 달려 있다. 경제가 성장하면, 기업 활동이 활성화되고, 일자리는 만들어진다. 특히 양질의 일자리는 더욱 그렇다. 정부는 공공 주도 사업 등 생산도 하지만, 주로 소비 주체이다. 소비 주체라고 하는 것은 대개 국민의 세금을 토대로 활동하고 돈을 소비하는 조직이기 때문이다. 일자리를 창출하더라도 한계는 존재한다. 한정된 예산을 전제로 활동을 해야 하기 때문이다.

경제 성장이 주원인이 되고, 그에 따라 기업 생산 활동과 함께, 고용이 이루어진다. 고용이 이루어지더라도 기업의 생산성을 넘어서서 임금을 지불하기는 어렵다.

이것은 경제 상식이자 팩트이다.

iKIET 108호(2021. 5. 6)에서 황경인은 GDP 제조업 비중이 높을수록 성장률은 증가하고, 실업률 증가폭이 낮아진다는 사실을 기존의 데이터로 확인해 주었다.

제조업이 자리 잡고 성장하면 국가 성장률 기여는 말할 것도 없고, 실업률조차 낮아진다는 것을 입증해 주는 것이다.

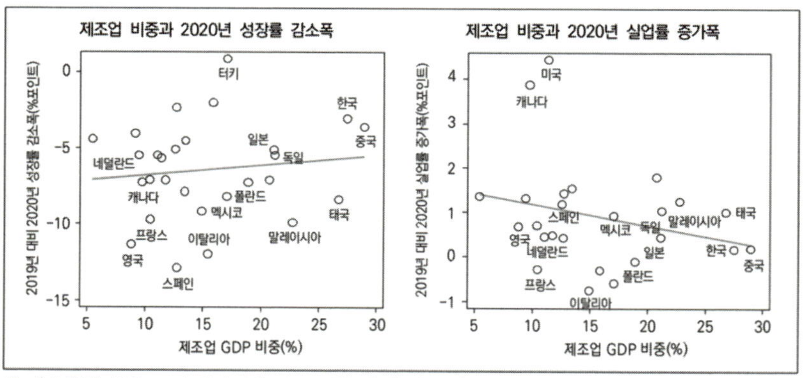

주: 1) IMF World Economic Outlook Database, 2021년 4월 발표자료(GDP 성장률 및 실업률) 및 UNIDO(제조업 GDP 비중, 2018년 기준) 데이터를 활용해 저자 계산.
2) 2020년 성장률 감소폭(%포인트) = 2020년 GDP 성장률(%) - 2019년 GDP 성장률(%)
3) 2020년 실업률 증가폭(%포인트) = 2020년 실업률(%) - 2019년 실업률(%)

또 하나의 진실이 있다. 수요와 공급처럼 시차가 존재하는 관계가 있다. 바로 경제성장과 실업률의 관계이다. 경제성장이 일어나면 시차를 두고 실업률이 개선된다는 사실이다. 다음은 1989년에서 2008년까지 미국의 성장률과 실업률의 관계를 나타내는 도표이다.

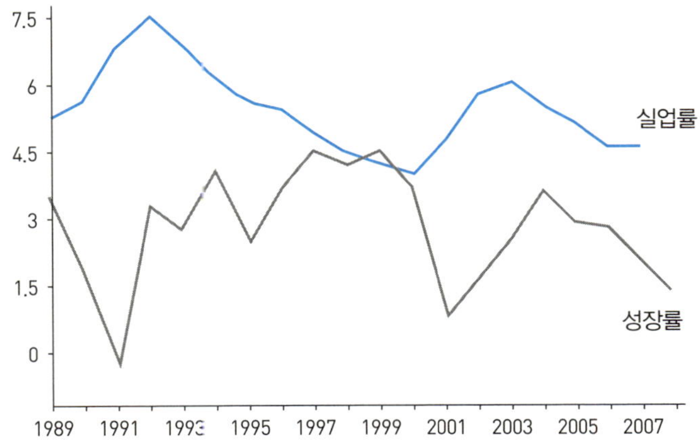

이 도표는 미래학자 제레미 리프킨(Jeremy Rifkin)이 자신의 저서인 〈노동의 종말(1994 출간)〉에서도 제시한 것이다. 그는 1991년부터 1992년 경제가 성장하고 있음에도 실업률이 증가하는 것을 보고, 이렇게 외친다. 일자리 없는 성장이라고.

이후 부화뇌동하는 학자들과 경제 전문가들이 같이 외친다. 일자리 없는 성장이라고.

얼마나 부끄러운 무지인가! 수요가 일어나면 뒤늦게 반응하는 공급 양상처럼, 경제가 기지개를 켜듯 성장을 시작하면, 기업들은 서서히 준비한다. 설비를 갖추고, 고용을 시작한다. 그 시차로 1년 뒤에 실업률이 하강하기 시작한다.

일부러 그랬을까? 정말 무지하였을까?

아무튼 시차를 무시한 어리석음이 내뱉은 한 마디. 일자리 없는 성장!

그런데, 이 무지를 알아내고는 '일자리 없는 성장'이라는 용어는 이후 경제 전문가 사회에서 자취를 감췄다. 그러나 무책임하게 진실이 아니라는 사실을 밝히지 않았다. 그러니, 미국의 보통 사람들은 진실로 받아들였고, 심지어 우리나라 전문가들도 진실로 받아들이면서 같이 무지의 소리를 외쳤다.

제레미 리프킨은 그것으로 그친 것이 아니라, 첨단기술과 정보화 사회, 경영혁신 등이 인간 삶을 풍족하게 만드는 것이 아니라 일자리를 사라지게 한다고 하였다. 또 다른 러다이트이즘(Ludditism)을 주장하고 있다. 그러면서 그는 새로운 일자리가 몇몇 생겨나겠지만 이들은 대부분 임금이 낮은 임시직에 불과하다고 말한다.

과연 그렇게 되었는가?

미래학자라고? 참으로 한심한 일이다. 비단 제레미 리프킨뿐일까?

미국 사회의 통계는 2001년부터 시작된 또 다른 성장률 상승, 시차 뒤에 오는 실업률 하락을 음미해야 한다.

앞의 황경인이 제시한 그래프에서 미국은 GDP 대비 제조업 비중이 작다 보니 실업률 증가폭을 빨리 잡지 못하고 있는 모습을 같이 봐야 바로 보인다. 그리고 제레미 리프킨의 무지도 같이 보인다.

또 다른 통계를 살펴보자. 제레미 리프킨이 말하는 대로 첨단기술, 정보화 사회와 경영혁신 등이 일자리를 사라지게 하고 있을까?

우리 사회에서 그림과 같이 인건비는 계속 상승하고 있다. 생산의 핵심 자원인 사람을 고용하는 기업의 입장에서는 인건비를 낮추기 위한 여러 고심을 하게 되고, 인건비가 낮은 나라로의 이전은 자연스러운 귀결이라고 말할 수 있을 것이다. 그러나 환경의 새로운 변화, 즉 임금이 낮은 국가들에서도 인건비가 상

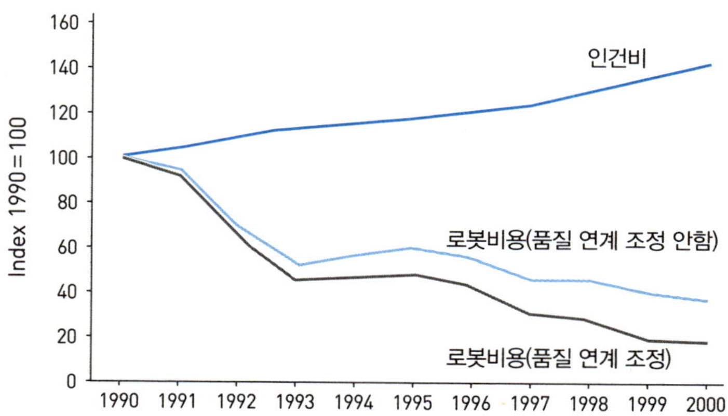

승하면서, 인건비의 대체를 찾기 위해 고심하고 있다.

그래서 상대적으로 비용이 낮아지고 있는 로봇 등의 첨단 기기들이 산업 현실에 증가하고 있는 것은 시장의 생리에 부합하는 것이라 할 수 있다.

문제는 제레미 리프킨이 말하는 대로, 일자리가 사라지는 것일까? 미국 노동 통계국에서 제시하고 있는 2010년에서 2016년 미국에서의 산업 로봇 설치 대수와 제조 근로자 고용에 대한 통계를 살펴보자.

이 기간 동안, 산업 로봇은 136,748대가 설치되었지만, 고용은 894,000명이 증가하였고, 실업률은 5.1% 감소하였다는 통계를 보여주고 있다.

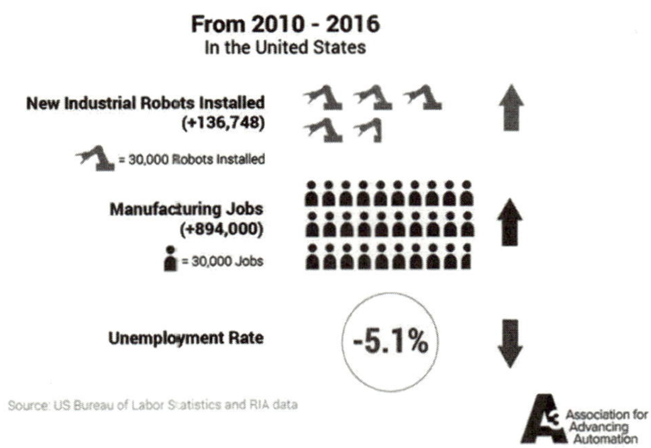

결론으로 말하자면 제러미 리프킨은 틀렸다.

그럼에도 불구하고, 저자는 덧붙이고자 한다.

정규교육이면 더 좋고, 아니면 평생교육을 이용하더라도, 우리는 더 나은 새로운 지식을 습득하기 위한 노력을 지속적으로 해 나가야 할 것이다.

통계는 이렇게 여러 관계를 들여다보면서, 사회 현상과 흐름을 잘 살펴야 한다는 것을 다시 보여준다. 빈도와 오차, 관계로 이어지는 통계의 세 가지 핵심은 따로 떨어져 있는 것이 아니다. 함께 어울러 봐야 바르게 보인다는 사실을 알아야 한다.

4부

미래를 알고 싶은 통계

1

미래를 알기 위한 시작: 확률

생각하는 코너

1950년과 2010년의 홍콩과 쿠바의 하바나를 서로 비교해 보자!

우리가 데이터만으로 사건과 대상을 비교할 수 있는 것은 아니다. 보다 명확하게 비교할 수 있는 것은 시각화 데이터로 가능하다. 시각화 데이터라는 것이 도표와 그래프 등만을 의미하지 않고, 아래의 도시 사진도 중요한 시각화 데이터이기도 하다. 1950년 거의 비슷한 수준에서 출발한 경제 체제가 서로 다른 두 국가(자유 경제체제와 국가 통제체제)의 도시가 60년이 지난 2010년 기준으로 어떤 차이가 생겨났는지를 도시 사진과 1인당 국민소득 그래프를 보고 생각해 보자.

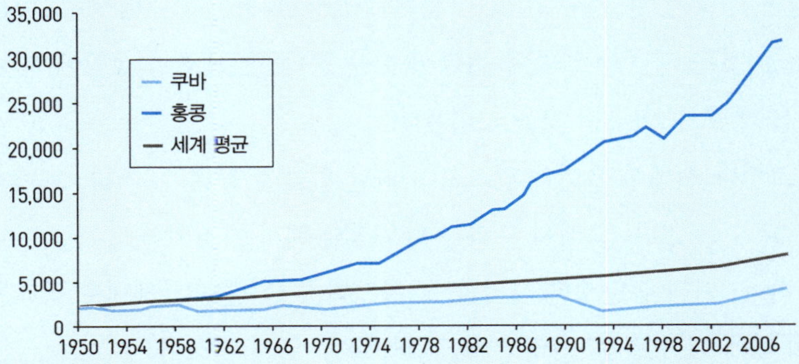

출처: Maddison Data

한 도시는 세계 평균 이하로 떨어져 버리고, 다른 한 도시는 비상하는 모습을! 그런데 그 한 도시마저 china risk에 빠져 버렸으니, 앞으로의 모습도 예측할 수 있을 것이다.

하바나, ~1950

하바나, 2010

홍콩, ~1950

홍콩, 2010

(1) 미래의 문을 여는 두 개의 key

우리는 통계를 활용해서 발생할 사건과 그 사건의 빈도를 알 수만 있다면, 꽤 많은 정보를 얻을 수 있고, 그것으로 훌륭한 결정을 내릴 수 있다는 것을 알았다. 이것은 지나간 일들에 대한 경험을 통해, 앞으로의 상황에 대해 더 나은 결정을 내릴 수 있다는 것을 의미한다.

그렇다고 해서 우리가 앞으로 나타날 일들을 알 수 있거나, 일이 나타날 빈도를 알 수는 없다. 그래서 우리는 더욱 궁금해지는 것이다.

만약, 미래에 발생할 사건과 그 사건의 발생 빈도를 제대로 정리할 수 있다면, 미래에 대한 결정도 어느 정도 가능할 수 있지 않을까?

우리는 미래에 나타날 사건이나 일에 대한 지식이 전혀 없다. 미래에 벌어질 일에 대한 정보나 지식이 전혀 없을 경우, 우리는 불확실(uncertain)하다고 한다.

자유경제체제를 구가하여왔던 홍콩과 국가 통제체제를 유지해 왔던 쿠바의 하바나의 지난 과거 60년의 자료를 비교해 보면, 우리는 유사한 일에 대해 앞으로 어떻게 진행될 것이라는 것을 쉽게 예측할 수 있다. 현재 홍콩에서 진행되고 있는 중국 공산당의 국가 통제체제가 만들어 내는 리스크가 어떤 일로 드러날지 너무도 잘 예측할 수 있다. 그럼에도 사람들은 자신들의 이념이나 가치 등에 정신을 빼앗겨 이러한 역사적 자료를 무시하고 있다.

앞으로 전개될 미래에 대한 판단이 어렵다고 하지만, 조금만 더 고민을 하다보면 예측의 실마리를 찾아낼 수 있다.

이 실마리가 데이터로 만들어지는 정보이고, 이에 덧붙여 우리는 미래의 빈도 데이터를 찾아서 살펴보려고 한다.

우리가 미래의 사건이나 일을 잘 안다고 할 때, 두 개의 key가 있어야 한다. 첫 번째 key는 벌어질 사건이나 일이 무엇인지이고, 두 번째 key는 그 사건이나 일이 어떤 빈도로 발생하는지를 아는 일이다. 이렇게 두 개의 key에 대한 지식과 정보가 명확하다면, 우리는 확실(certain)하다고 말할 수 있다.

즉 발생할 일이나 사건, 그리고 그 사건의 발생 빈도에 대한 정보가 명확하면, 우리는 확실하게 결정을 내릴 수 있다.

만약, 여러분이 조그만 사업체를 창업하였고, 원재료 등의 가격이 들썩들썩하면서 가격 인상 조짐이 보인다면, 이를 대비하면서 생각들이 많아질 것이다.

『만약 가격을 올린다고 할 때 판매가 감소하게 될 상황은 어느 정도 될까?』

당신의 고민을 조금 더 찬찬히 들여다보자. 만약 가격을 인상하기로 결정했다면, 원재료 가격이 인상되는 상황에서 어쩔 수 없이 선택하게 되는 전략이 될 것이다. 그렇다면 선택한 전략 속에서 벌어질 사건들 중 하나는『판매가 감소할』

사건이다. 이와 같이 당신은 앞으로 발생하는 사건이나 일을 생각하게 될 것이다. 이어서 당신은『상황은 어느 정도 될까?』에 고민을 하게 된다. 이는 판매가 감소할 사건이 얼마만큼 발생하느냐는 발생 빈도에 대한 생각하게 될 것이다.

당신도 영락없이 미래의 문을 열기 위한 두 개의 key가 필요한 것이다.

『발생하는 사건이나 일, 그리고 그 사건의 발생 빈도』

어떻게 하면 좋을까? 통계는 아이디어를 말해 준다.

발생하는 사건이나 일, 앞으로 사건이라고 정리하자.

통계는 먼저 앞으로 도대체 어떤 사건들이 발생할 수 있는가를 묻는다. 나타날 수 있는 모든 사건들을 먼저 생각하라는 것이다.

나타날 수 있는 모든 사건들을 먼저 생각해 보자. 나타날 사건들의 전체를 모집단으로 정리하자. 그러면 모집단을 구성하는 사건들은 어떻게 될 것인가? 이때 사건들은 당신이 만나게 될 사건들이 된다. 정리해 보면, 판매 감소, 판매 불변, 판매 증가의 사건이 나타날 것이다. 나타날 다른 사건이 있을까? 더 이상 없을 것이다.

이를 위해 우리는 두 가지 요건을 갖추어야 한다. 하나는 나타날 사건들이 중복되지 않도록 해야 한다. 이는 동시에 나타나는 사건들이 없어야 한다는 것이다. 또 다른 하나는 빠트려서는 안 된다는 것이다. 나타날 수 있는 사건들은 다 망라해야 한다는 것이다.

첫 번째 요건이 중첩시키지 말라(Mutually Exclusive 또는 상호배반)는 요건이고, 두 번째는 빠트리지 말라(Collectively Exhaustive)는 요건이다.

이 두 요건을 MECE(미시)라 한다. 미국 유명 컨설팅기업인 맥킨지(McKinsey)에서 신입 컨설턴트 교육에 강조하는 문제해결의 기초이다.

나타날 사건에 대한 것을 정리했다면, 그 사건이 나타날 발생 빈도를 살펴봐야 한다. 그 사건이 얼마만큼 발생하는지에 대한 사건의 발생 가능성을 측정해야 한다.

첫 번째 key인 발생하는 사건(일)을 정리하는 방법을 알아야 하고, 두 번째 key인 사건의 발생 빈도를 정리하는 방법을 알아야 한다.

이는 앞에서 우리가 설명한 빈도 분포표가 있었다.

도수분포표로 알고 있는 빈도 분포표, 즉 Frequency Table이다. 이 빈도 분포표는 앞에서 말하고 있는 두 개의 key에 대한 요약 목록표라고 할 수 있다. 그렇기에 비록 간단해 보이기는 하지만, 과거와 현재는 물론 미래에 대한 매우 중요한 정보를 담고 있는 표다고 할 수 있다. 그것은 사건과 사건의 빈도에 대한 정보이기 때문이다.

사건들을 분류하여 정리한 Class, 그리고 각 분류된 사건 Class의 빈도로 구성된 목록이다.

Class(계급)	(빈)도수

Class 대신에 나타날 사건 전체를 정리해 넣으면 될 것이고, 빈도 대신에 미래에 발생할 사건 각각에 대한 발생 가능성, 즉 미래 빈도를 정리해 넣으면 될 것이다.

통계는 발생하는 사건들에 대해, 일정한 규칙을 정해서 실수 값을 부여하도록 하였다. 이를 확률변수(random variable)라고 한다. 즉 Class 대신에 확률변수를 넣는다. 그리고 미래 발생 빈도를 확률로 정리해서 넣는다. 그러면 다음 표가 된다.

이 표를 앞의 표가 도수분포표로 말하듯이, 확률분포표라고 말한다.

확률변수	확률

그래서 우리는 확률변수와 확률을 이제 알아야 한다. 첫 번째 key가 확률변수이고, 두 번째 key가 확률이다. 통계학의 많은 교과서는 확률부터 이야기한다. 우리도 너무 넘치지 않고 두 번째 key인 확률부터 알아보도록 하자.

(2) 두 번째 key, 확률

확률을 말하는 순간, 여러분들은 골치 아픈 복잡한 수학 공식을 떠올리고 있는지 모르겠다. 확률은 여러분들이 생활 속에서 가장 많이 쓰고 있는 일상 언어 중 하나이다.

희한한 일이네!, 자신은 없지만 아마 그럴 걸!, 아마 반반쯤 안 되겠어!, 내가 볼 때 분명히 그럴 거야! 등의 말들을 하고 있지 않는가?

그렇다면 여러분은 이미 생활 속에서 확률을 훌륭하게 사용하고 있는 것이다. 확률을 그렇게 쓰면 된다. 수학 공식을 떠올리지 말고!

사람들이 자꾸 따져 물으면 골치 아파지니, 약속을 하도록 하자. 수학을 하는 사람들과 논리를 좋아하는 사람들이 의문을 품고 따지고 하면 끝이 없으니 약속을 하도록 하자. 묻지도 따지지도 말고 약속하는 것, 그것을 수학에서는 공리(Axiom)라고 한다.

확률은 공리(Axiom)라고 하는 약속, 세 가지로부터 출발한다.

사건 중 하나를 A라고 하면,

첫째, 사건 발생 가능성을 P(사건), P(A), Prob(A) 등으로 표기하고, 실수로 측정한다.

둘째, P(사건)의 실수 값은 0과 1 사이의 값을 갖는다.

셋째, 상호배반사건의 전체 확률 합은 1이다.

반듯하든, 아니든 동전 하나를 던진다고 했을 때의 확률을 공리에 따라 그림으로 표시하면 다음과 같다. 그림의 왼쪽은 발생하는 사건들 전체 집합의 구성원들을 총망라하였다. 이것을 사건 공간(event space)라고 한다.

동전 하나를 던지면 나타나는 사건은 앞면(H)과 뒷면(T)이다.

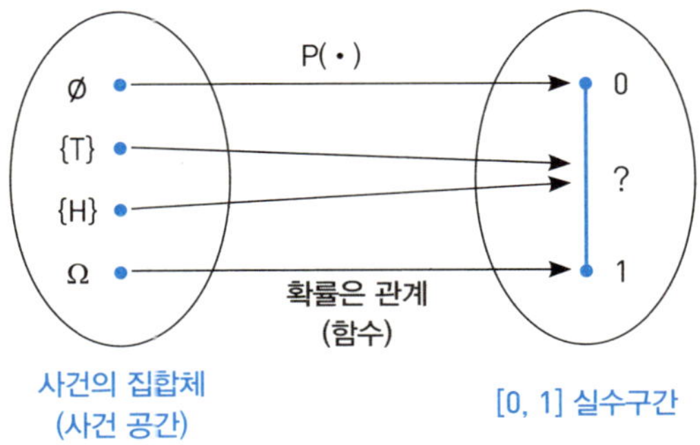

독일의 천재 수학자인 칸토어(Cantor, 칸토르라고 해도 좋다)가 닦아 놓은 집합론이 있고, 우리가 만나는 현실의 사건들을 집합으로 설정할 수 있어서 더욱 쉽게 이야기할 수 있게 되었다. 당대에는 어느 누구도 믿어주지 않았지만, 후대는 모두 그의 은덕을 입고 있다.

동전 하나를 던지면 나타나는 전체 집합은 {H, T}이다.

이것을 표본공간(sample space)이라고 한다. 표본이라는 단어는 발생하는 사건들을 말하는 것으로, 실험을 전제로 하고 있기에 쓰는 말이다. 즉, 동전을 던지는 실험을 한다고 하면, 나타나는 모든 사건들의 집합, 그것이 표본공간이다. 공간(space)이라는 말은 쉽게 집합이라고 생각하면 된다. 사건(event)은 이제 표본공간들의 부분집합이 된다. 가능한 사건들을 표본공간에서 뽑아내면, ∅, H, T, {H, T}들이 나타난다. 이들이 모두 사건들이다. 이 사건들의 전체 집합을 사건공간(event space)이라고 한다.

{∅, H, T, {H, T}}가 사건공간이고,
∅는 일어나지 않은 사건 또는 아무 것도 안한 사건이고,
{H, T}=Ω는 반드시 일어나는 사건으로 생각하면 된다.

사건공간의 구성원들에 대해 실수 값으로 측정한 것을 확률이라고 약속하는 것이다.

전체 사건은 {H, T}=Ω로 표기하니까, 공리에 의해서 Ω의 확률은 1이 된다. 그러면 Ω의 상호배반사건인 ∅의 확률은 0이 된다. 그래서 앞의 그림과 같이 표기하였다. 확률은 사건공간의 사건들을 0과 1사이의 실수 값을 대응시킨 함수 관계로 말할 수 있다. 확률은 함수 관계이며, 실수 값이 만들어지는 것이다. 확률의 공리는 확률 함수 관계를 설명하는 약속이다.

희한한 일이네!, 자신은 없지만 아마 그럴 걸!, 아마 반반쯤 안 되겠어!, 내가 볼 때 분명히 그럴 거야! 등의 말들을 실수 값으로 바꾼다고 생각하면 된다. 확률 약속으로 0과 1 사이의 실수 값으로 한다고 하였지만, 우리는 현실에서 누구나 알아들을 수 있는 수로 말하면 된다. 백분율로 바꾸어 말하여도 무방하다. 앞에서 언급한 문장들을 백분율 혹은 숫자로 바꾸어 보자.

희한한 일이네!: 3%쯤 될까? 안 일어났으면 0인데, 일어난 것 같으니 3% 정도
자신은 없지만 아마 그럴 걸!: 한 10% 정도
아마 반반쯤 안 되겠어!: 말 그대로 50%
내가 볼 때 분명히 그럴 거야!: 반드시 일어날 것으로 생각하니 100%

문제는 확률 값을 어떻게 측정할 것이냐이다. 확률 값을 빈도를 중심으로 측정해 왔다. 이를 빈도주의 관점이라고 한다.

빈도주의 관점에서 확률 값을 설정하는 접근방법은 세 가지가 있다.

첫 번째는 이론적, 수학적 접근방법이라 하여, 모든 사건들이 동일한 가능성으로 발생한다는 전제에서 확률 값을 측정한다. 동전 던지는 실험에서 동전이 반듯하다면, 즉 앞면과 뒷면이 모두 동등한 가능성으로 발생할 것이라고 본다는 것이다. 수학적 접근방법에서 확률은 다음과 같이 측정한다. 이론적인 차원에서 확률을 계산한다.

$$\text{확률} = \frac{\text{해당사건 횟수}}{\text{전체사건 횟수}}$$

두 번째 접근방법은 경험적, 상대적 접근방법이다. 한정된 시간 내에서, 어느 정도 저렴한 비용으로, 경험이 가능한 현실에서 사용할 수 있는 일반적인 확률 계산 방법이다. 과거의 경험 자료를 토대로 (해당사건 횟수)/(전체사건 횟수) 식으로 계산한다. 예를 들어 동전이 어떤 이유로 굽어져 버렸다면, 실험을 진행하면서 앞면과 뒷면의 확률 값을 계산할 수 있다. 실험을 하지 않더라도 과거 진행했던 경험을 기록하여 확률 값을 측정할 수 있다.

세 번째 접근방법은 주관적 접근방법으로, 경험을 하는 것이 불가능하거나, 경험할 수 있더라도 엄청난 비용을 지불해야 하는 경우의 대단위 공공 프로젝트 등에 활용하는 확률 계산 방법이다. 순전히 개인의 경험과 지식을 기반으로 확률을 제시하는 방법이다. 여기에 문제가 발생한다. 기존의 빈도주의 입장으로는 어떠한 과거 및 현재의 데이터가 존재하지 않는다. 그러면 어떠한 확률 측정도 가능하지 않다. 그래서 확률 측정을 위해 새로운 개념이 필요하게 된 것이다.

세 번째 접근방법으로 새로운 확률 관점이 필요하게 되었고, 증명을 하는데 빈틈이 없어야 한다고 생각한 학자들이 고민에 휩싸이게 된 것이다.

물론 주관적인 입장에서의 확률 측정은 의사결정자가 자신의 경험이나 지식 또는 유사한 과거의 상황들을 기반으로 측정할 수 있다. 그러나 명확한 지식체계의 틀 속에서 확률을 정리해야 하기 때문에 빈도주의 관점을 넘어서는 확률의 다른 정의나 개념들이 필요하게 되었다.

그러나 확률 개념이야 어떻게 하든 전체 사건의 확률 합은 1이라는 사실을 잘 기억할 필요가 있다.

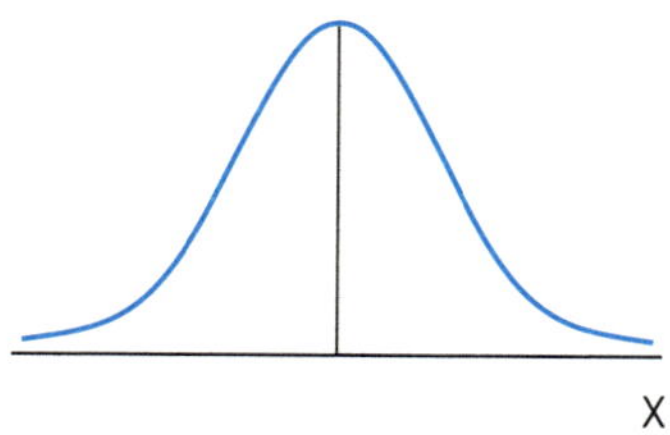

확률은 면적으로 계산한다. 그림 속의 분포는 앞에서 서구 사회에서 가장 정상적인 분포로 말하는 Normal Distribution이다. 앞에서는 X를 사건이라고 했는데, 이제 사건을 확률변수로 재설정하면, 아래 분포의 면적은 1이다.

그러나 사건이 이산 사건이면, 사건, 즉 각 확률변수의 확률 합을 구하면 된다. 이 경우, 단순하게 합을 구하면 되고, 역시 전체 합은 1임을 알아두자.

2

확률 관점의 변화와 미래에의 예측

생각하는 코너

Netflix의 영화 추천 알고리즘을 알아보자!

Netflix는 이용자들에게 영화를 추천하면서 인공지능 알고리즘을 활용하고 있다. 영화 추천 알고리즘에는 내용기반 방법과 협업 필터링 방법이 있는데, 이 중에서 내용기반 방법의 Naive Bayes Classifier에 대해 알아보자. 이는 베이즈 정리를 기반으로 운영된다.

첫 시작의 사전 확률은 cold start로 시작하여, 50%로 설정한다.

최근 Netflix에 가입한 진수는 10편의 영화를 시청하고, 각 영화에 본인의 의견을 남겼다고 가정하자. 5편에는 〈좋아요〉를 눌렀는데, 그중 3편이 액션 영화였다. 그리고 5편에 〈싫어요〉를 눌렀는데, 그중 1편이 액션 영화이었다.

이 경우, Netflix가 진수에게 액션 영화를 추천하였는데, 진수가 〈좋아요〉를 누를 확률은 어떻게 될까?

Netflix의 Naive Bayes Classifier는 진수의 추천 반응을 기반으로 계속해서 확률을 개선하고, 진수가 더 좋아할 수 있는 액션 영화를 추천할 수 있었다.

앞에서 우리는 확률을 빈도주의 관점(Frequentism)에서 측정한다고 하였다.

〈동전의 앞면이 나올 확률이 50%다.〉

이 말은 빈도주의 관점에서 동전을 100번을 던졌을 때, 50번은 앞면이 나온다는 의미를 가지고 있다.

확률을 생각하고, 측정한다고 하면 이 빈도주의 관점으로 정리한다. 문제는 확률을 측정하는 접근방법으로 세 번째 주관적 방법에서는 빈도주의 관점을 적용할 수 없다. 말 그대로 확률 측정자의 경험과 지식 등으로 확률을 판단하여 제시하여야 한다.

이것을 뒷받침하기 위해서 새로운 확률 관점이 필요하게 된 것이다. 그래서 나타난 것이 베이즈 관점이다. 빈도주의 관점까지 포괄할 수 있는 개념으로, 확률을 주장에 대한 신뢰도로 해석하는 베이즈 관점(Bayesianism)이 등장하였다. 베이즈 관점에 따르면,

〈동전의 앞면이 나왔다는 주장의 신뢰도가 50%이다.〉

빈도주의 관점하고는 다르다. 즉 확률에 대한 믿음의 정도, 신뢰도로 파악한 것이다. 다양한 상황에 대해 확률을 부여하는 믿음을 수량화한 것이다.

발생 가능성이 아니라, 아예 불확실성 측정 도구로 사용하기 시작하였다. 이러다 보니 확률 개념이 다양하게 인식되고 있는 것이다. 그러나 복잡한 것은 골치 아프니 그냥 우리들은 두 가지 모두의 개념으로 생각하고 사용하여도 무방하다.

그리고 Thomas Bayes(1701~1761)는 신뢰도로 파악한 확률에 추가적으로 새로운 정보가 들어오면, 그 정보로 인해 신뢰도가 새롭게 갱신될 수 있다는 베이즈 정리를 발표하게 된다.

이 베이즈 정리는 새로운 정보를 바탕으로 하고, 과거의 확률, 즉 기존의 신뢰도를 새로 수정할 수 있으며, 그 수정 확률은 사후 확률이라고 제시하였다.

Thomas Bayes(1701~1761)

이와 동시에 추가되는 새로운 정보 가치를 평가할 수 있는 바탕을 마련되었고, 정보경제학 등 새로운 학문 영역이 나타나는 등 통계의 적용 영역이 더욱 확장 및 진화하게 되었다.

그 핵심 자리에 소위 조건부 확률이 있다. 조건부 확률은 쓰임새가 많은 확률 개념이므로, 우리는 조건부 확률도 알아보고, 베이즈 정리도 알아보기도 하자. 그렇게 함으로써 Netflix에서 운영하는 인공지능 추천 알고리즘인 Naive Bayes Classifier 기법을 어느 정도 이해할 수 있으며, 이를 통해 우리도 간단하게나마 인공지능 알고리즘 영역에 들어갔다가 나와 볼 수도 있게 된다.

먼저 조건부 확률을 알아보자.

조건부 확률도 이런 것을 조건부 확률이라고 하자라고 약속한 것이다. 그러니 무엇을 그렇게 하자고 약속한 것인지를 아는 것이 중요하다.

먼저 두 개의 사건 A와 B가 있다고 하자. 카드 게임을 한다고 생각하여도 좋다. 이때 사건 A는 카드 게임서 Ace 카드로 생각해도 좋고, 사건 B는 블랙 무늬 카드로 생각해도 좋다.

조건부 확률은 사건 B가 일어났다고 하고, 그 안에서 사건 A가 발생하였을 때의 확률이라고 약속한다. 그리고 P(A | B)로 표기하기로 약속한다.

그림으로 이해하면 다음과 같다. 그림에서 보다시피 사건 B가 나타난 상황에서 사건 A가 나타나는 것으로, 이는 A∩B로 정리할 수 있다. 이러한 표기들은 앞에서 언급한 칸토어의 공헌에 있음을 알아 두어야 한다.

그래서 다음과 같이 조건부 확률을 정리할 수 있다. 여기에 보이지는 않지

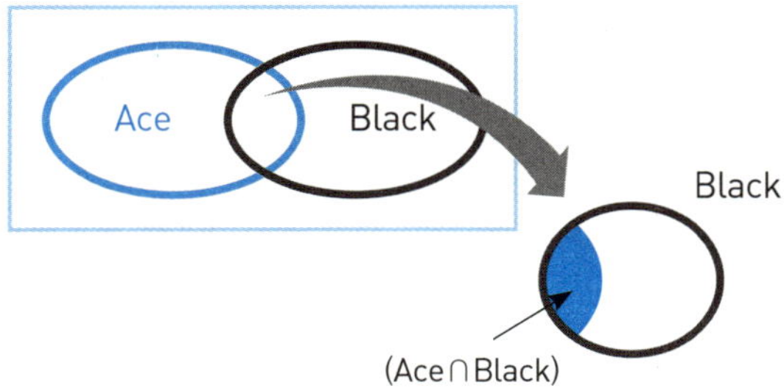

만, 포함되어 있는 확률이 두 가지 더 있다. 독립 사건이라는 것과 결합 사건에 대한 확률이다. 두 사건이 독립이라는 것은 두 사건이 전혀 무관하다는 것이고, 어떤 사건에도 영향을 받지 않는다는 것을 의미한다. 이는 두 사건의 결합도 없다는 것을 의미하기도 한다.

두 사건이 독립이라면 $P(A \mid B) = P(A)$가 된다는 것을 말한다. 따라서 조건부 확률은, 독립과 상반되는, 두 사건이 종속이라는 상황에서 제기되는 것이다. 사실 우리 생활 속에서 연결되지 않은 사건을 찾기 어렵겠지만, 이를 표현한 내용은 다음과 같다.

$$P(A \mid B) = \frac{P(A \cap B)}{P(B)}$$

수식에서 $P(A \cap B)$는 결합 확률이고, $P(B)$는 사전에 알고 있는 B사건의 확률로써 사전확률이라고 한다.

결합 사건을 확률 중심으로 생각하면, $P(A \cap B) = P(A \mid B) \times P(B)$가 성립한다. 여러분들에게 조금 더 쉽게 접근할 수 있도록 하나의 예를 들어 보도록 하자.

다음 그림과 같이 똑같이 선택될 A, B 두 개의 항아리가 있다고 가정하자.

항아리의 선택은 Netflix 사례에서 보았듯이, 시작을 50:50으로 가정하는 cold start와 같은 상황이라고 생각하여도 좋다.

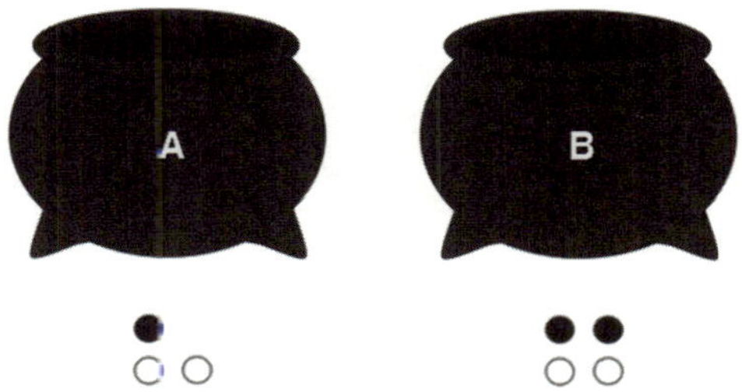

A 항아리에는 검은 공 1개와 흰 공 2개가 들어 있고, B 항아리에는 검은 공 2개와 흰 공 2개가 들어 있다고 하자. 이 정보는 우리가 알고 있는 사실이다.

우리는 사전확률로, P(A)=1/2와 P(B)=1/2가 되는 것을 알고 있다.

그리고 A 항아리에서 검은 공이 나올 조건부 확률과 B 항아리에서 검은 공이 나올 조건부 확률을 알고 있다. 우리가 알고 있는 검은 공이 나올 확률은 현재로서는 이 두 가지이다.

$$P(\text{검은 공} \mid A)=1/3, \qquad P(\text{검은 공} \mid B)=2/4$$

이제 우리가 새로운 상황을 맞이하게 된다. 다른 사람이 검은 공을 뽑아 가지고 왔는데, 이게 어느 항아리에서 나온 공인지 모르겠다는 것이다. 말하자면 다음과 같은 확률을 찾아야 한다.

$$P(A \mid \text{검은 공})=?, \qquad P(B \mid \text{검은 공})=?$$

이와 같은 상황들은 우리 생활 속에서 얼마든지 많이 만나게 된다. 여러 공정에서 생산하고 있는데, 불량품이 발생했다. 그리고 이 불량품이 어느 공정에서 나왔을까를 고민하는 상황과 같다.

베이즈 정리는 여기에서 매우 탁월한 결정을 하도록 도와주는데, 대단히 소중한 가치를 제공한다. 소위 역으로 추적할 수 있는 능력을 도와준다고 할 수 있다. 여기에서 찾고자 하는 확률을 사후확률이라고 한다. P(A | 검은 공)라는 사

후확률을 찾아가 보자. 먼저 결합 확률로 정리해 보자. A 항아리와 B 항아리는 서로 별개의 상호배반 사건이라는 것을 알아 두어야 할 것이다. 확률의 약속에 의해서 다음과 같이 성립한다.

$$P(\text{검은 공}) = P(A \cap \text{검은 공}) + P(B \cap \text{검은 공})$$

그리고 난 다음, 조건부 확률 개념을 적용해 보자.

$$P(A \mid \text{검은 공}) = \frac{P(A \cap \text{검은 공})}{P(\text{검은 공})} = \frac{P(A \cap \text{검은 공})}{P(A \cap \text{검은 공}) + P(B \cap \text{검은 공})}$$

$$= \frac{P(A) \times P(\text{검은 공} \mid A)}{P(A) \times P(\text{검은 공} \mid A) + P(B) \times P(\text{검은 공} \mid B)}$$

$$= \frac{1/2 \times 1/3}{1/2 \times 1/3 + 1/2 \times 2/4} = \frac{2}{5}$$

검은 공이 나오는 사건을 D라고 하고, 항아리 A 사건을 H라고 해 보자.

그러면 우리는 P(H), P(D | H) 사건의 확률은 우리가 먼저 알고 있는 상태이다. 이제 우리는 D 사건이 발생했을 때, 그 사건이 H에서 나타났을 것으로 판단되는 확률, 즉 사후 확률을 정리하면 다음과 같다.

$$P(H \mid D) = \frac{P(D \mid H)P(H)}{P(D)}$$

회색 박스의 사후확률 P(H | D)는 새로 나타난 사건(검은 공)의 발생 정보에 의해 개선된 확률을 말한다.

그리고 옅은 파란색 박스인 P(D | H) 확률이 조금 특이한데, 이것을 likelihood라고 한다. 이는 가능도(또는 우도(尤度))라고 하고, 나타난 발생 사건을 뒷받침해 줄 가장 빈도 높은 확률을 말한다. likelihood에 대해서는 별도의 설명을 하

도록 하자.

파란색 박스인 P(H)인 사전확률은 이미 우리가 가지고 있는 사전 지식으로, 가설로 전제된 사건의 발생 확률을 말한다. 분모에 있는 P(D)는 새로 나타난 사건의 확률로 이미 우리가 목격한 증거가 된다. 말하자면 검은 공이라는 새로 나타난 증거(evidence)로 인식되는 사건의 확률을 말한다.

그러면 Netflix 사례로 들어가 보자. 인공지능의 추천 알고리즘이 작동하는 원리를 알아보는 것이다.

처음의 사전 확률은 cold start로 시작하니, 〈좋아요〉, 〈싫어요〉 각각 50%가 된다. 동전 던지는 것처럼 생각하면 된다.

최근 Netflix에 가입한 진수는 10편의 영화에 본인 의견을 남겼다.

5편에는 〈좋아요〉를 눌렀는데, 그중 3편이 액션 영화였다.

그리고 5편에 〈싫어요〉를 눌렀는데, 그중 1편이 액션 영화이었다.

Netflix가 진수에게 액션 영화를 추천하였는데, 진수가 〈좋아요〉를 누를 확률을 알아보는 것이다.

표를 만들어 볼까!

<table>
<tr><th>의견 구분</th><th>의견 내 장르 구분</th><th>의견 내 장르별 확률</th></tr>
<tr><td rowspan="5">〈좋아요〉 의견
(확률 0.5)</td><td>Action</td><td rowspan="3">0.6</td></tr>
<tr><td>Action</td></tr>
<tr><td>Action</td></tr>
<tr><td>Non-action</td><td rowspan="2">0.4</td></tr>
<tr><td>Non-action</td></tr>
<tr><td rowspan="5">〈싫어요〉 의견
(확률 0.5)</td><td>Action</td><td>0.2</td></tr>
<tr><td>Non-action</td><td rowspan="4">0.8</td></tr>
<tr><td>Non-action</td></tr>
<tr><td>Non-action</td></tr>
<tr><td>Non-action</td></tr>
</table>

Netflix 사례에서 찾고자 하는 확률은 P(좋아요 | Action)이라는 사후확률을 찾아내는 것이다.

$$P(\text{좋아요} \mid \text{Action}) = \frac{P(\text{좋아요} \cap \text{Action})}{P(\text{Action})}$$

$$= \frac{P(\text{좋아요} \cap \text{Action})}{P(\text{좋아요} \cap \text{Action}) + P(\text{싫어요} \cap \text{Action})}$$

표를 만들어 보니까, 결합 확률이 바로 계산된다는 것을 알 수 있다. 표 가장자리에 있는 확률을 서로 곱해 주면 결합 확률이 나타난다.

$$P(\text{좋아요} \cap \text{Action}) = 0.5 \times 0.6 = 0.3$$

$$P(\text{좋아요} \cap \text{Non-action}) = 0.5 \times 0.4 = 0.2$$

$$P(\text{싫어요} \cap \text{Action}) = 0.5 \times 0.2 = 0.1$$

$$P(\text{싫어요} \cap \text{Non-action}) = 0.5 \times 0.8 = 0.4$$

이렇게 구한 확률 값을 적용하면 다음과 같다.

$$P(\text{좋아요} \mid \text{Action}) = \frac{0.3}{0.3 + 0.1} = \frac{3}{4}$$

Netflix는 진수가 추천한 Action 영화에 〈좋아요〉를 누를 확률이 75%가 된다는 것을 알게 되었다. 최초의 확률은 50%였지만 진수의 추천 정보를 기반으로, 75%로 개선된 사후확률을 얻을 수 있다는 것이 Netflix의 Naive Bayes Classifier 이야기이다.

이제 우리는 골치 아픈 계산을 하지 않고서도 인공지능의 추천 알고리즘을 통해 진수의 행동을 쉽게 예측할 수 있다는 것은 대단한 진전이라 할 수 있다. 이러한 인공지능의 진화를 통해, 우리는 예측 비용을 더욱 줄여 나갈 수 있게 된 것으로도 인류는 새로운 발전을 모색할 수 있을 것이다.

3

첫 번째 key인 사건의 변신: 확률변수와 분포

생각하는 코너

**반듯한 등전 두 개를 던지는 실험에서
앞면이 나올 확률분포표를 작성해 보자!**

사건과 빈도를 연결되는 확률변수와 확률에 의한 확률분포표를 작성해 보자. 반듯한 동전 두 개를 던지는 실험을 고려하여, 앞면이 나오는 사건에 대한 확률분포표를 작성해 보자.

앞면이 나올 횟수를 확률변수로 설정하여 확률분포표를 작성하고, 확률변수와 확률을 제대로 알아보자.

반듯한 동전 두 개 던지는 실험을 하면서, 앞에서 언급한 확률변수와 확률, 그리고 확률분포표를 정리해 보자.

동전이 반듯하다는 의미는 앞면과 뒷면이 동등한 가능성으로 나타난다는 의미를 지니고 있다. 동전을 던졌을 때, 앞면과 뒷면이 나올 경우가 반반씩 나타난다는 것이다.

동전 두 개를 던지는 사건의 사례로 간단하게 살펴보기로 하자.

앞면을 H, 뒷면을 T라고 하면, 동전 두 개를 던지면 나타날 수 있는 경우(우리는 이것을 사건이라 하였다.)는 모두 4가지이다. 나타날 사건들의 전체 집합을 표본공간(sample space)이라고 하는데, 표시하면 다음과 같다.

$$\Omega = \{TT, TH, HT, HH\}$$

확률변수는 표본공간의 사건들에 대해, 일정한 약속 또는 규칙으로 실수 값을 정하면 된다. 그림과 같이, 규칙은 앞면이 나오는 횟수를 숫자로 정하자.

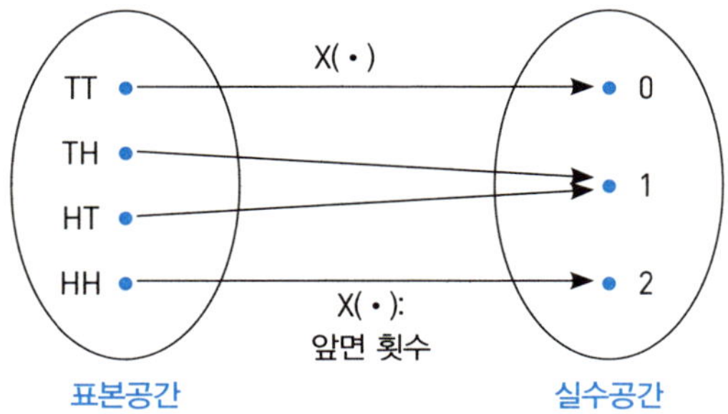

그러면 그림에 따라서,

X(TT)=0, X(TH)=1, X(HT)=1, X(HH)=2가 된다.

그리고 확률변수 각각에 대해 확률을 구해서 정리하면 다음의 확률분포표가 나타난다. 굉장히 어려워 보일 듯해도 여러분이 한번 마음만 먹으면 쉽게 이해하고, 다 잘 할 수 있다.

확률변수	해당 사건	확률
0	{TT}	1/4
1	{TH}, {HT}	2/4
2	{HH}	1/4
	Σ	1

여러분이 알아 두어야 할 상식으로, 확률은 빈도의 모든 것을 다 포함시키기 위해 사건공간(event space)을, 확률변수는 실제로 현실에 나타나는 사건만을 고려해야 하므로 표본공간(sample space)을 기반으로 한다.

또 하나, 일반적으로 관계를 설정하는 경우, 함수 F를 사용한다.

F: X → Y라고 하고 Y=F(X)로 정리하는 것은 어느 정도 알고 있을 것이다. 마찬가지로 확률은 F 대신 P를 사용하고, 확률변수는 X를 사용하여 정리한다는 것을 알아두면, 복잡한 통계 책들도 한결 쉽게 읽을 수 있을 것이다. 공간(space)이라는 말이 많이 사용되는데, 이는 자체로 연산 법칙이 적용되는 집합이라는 의미이다. 앞에서 쉽게 집합이라고 생각해도 무방하다고 하였다.

확률 P: 사건공간 → 실수공간

확률변수 X: 표본공간 → 실수공간

확률을 빈도론자들이 말하는 미래에 발생 가능한 빈도라고 해도 좋고, 베이지안들이 말하는 미래에 나타날 사건의 빈도에 대한 믿음과 신뢰 정도라고 하여도 좋다. 각 개념들은 확률값을 결정하기 위한 노력의 일환이기 때문에, 상황에 따라 적절한 개념을 사용하면 된다. 결국 미래에 나타날 사건의 빈도를 보다 체계적으로 설명하려는 의도에서 이루어진 일이니까, 그냥 넘어가도 별문제가 되지 않는다.

아무튼 우리는 미래에 나타날 사건의 빈도에 대해서는 살펴봤고, 이제 미래에 나타날 사건에 더 집중해 보자.

앞에서 확률변수(random variable)는 표본공간의 사건들에 대해, 일정한 약속 또는 규칙으로 실수 값을 정하면 된다고 하였다.

여기에 표본공간(sample space)은 나타날 모든 사건들의 집합이라고 설명하였다. 말하자면 현실로 나타나는 사건만을 고려한다는 의미를 가지고 있다. 표본공간은 그런 의미이다.

동전 두 개를 던지는 실험을 실시하는데, 규칙을 앞면이 나오는 횟수로 정해서 실수 값으로 대응시키면 다음 그림과 같다.

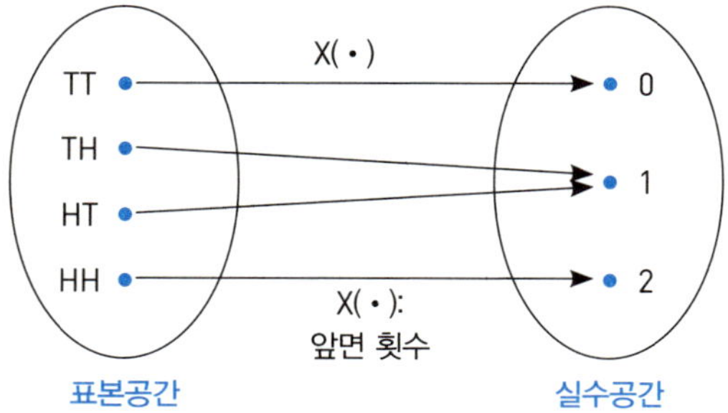

그리고 확률변수와 확률이 어우러져 다음의 확률분포표를 이룬다고 하였다.

확률변수: X	확률: P
0	1/4
1	1/2
2	1/4
Σ	1

확률변수와 확률이 만나야 완전체가 된다.

확률만으로 현실을 설명하지만, 보통 우리는 해당하는 사건을 생략하고 있다는 사실을 깨달아야 한다.

내일 비가 올 확률은 30% 정도야!

비가 오는 사건은 묻혀 버리고, 아니 서로 해당 사건을 공유하니까, 그렇게 크게 주의를 기울일 필요가 없을 수도 있다.

그런데 사실은 발생하는 사건이 더 중요해지는 것이다.

그래서 첫 번째 key가 확률변수라고 말을 한 것이다.

확률도 마찬가지였지만, 확률변수는 더욱더 칸토어의 집합론에 깊이 감사

할 일이다. 칸토어의 집합론이 정리되지 않았다면, 우리는 지금의 확률변수를 만날 수 없을 수도 있었으니까.

앞에서 설명하였지만, 따로 다시 설명하는 이유는 미래에 발생할 사건이 어떤 값으로 정해지느냐에 따라 통계가 크게 두 개의 영역으로 나누어지기 때문이다.

확률변수는 일정한 규칙에 따라, 수를 정한다고 하였는데, 그 수가 정수 값을 갖는지, 아니면 실수 값을 갖는지에 따라 계산의 여건과 방식이 크게 달라진다.

확률변수가 정수 값을 갖게 되면 통계에서는 이산 사건(discrete event)이라고 하고, 실수 값을 갖게 되면 연속 사건(continuous event)이라고 한다. 이산 사건과 확률이 만나면 이산 분포(discrete distribution)를 이루고, 연속 사건과 확률이 만나면 연속 분포(continuous distribution)를 이룬다.

이산(Discrete) 확률변수는 0, 1, 2, 3 등의 정수(integer number) 값으로 부여한다. 이산 확률변수의 값은 무한하기도 하지만, 통상적으로 유한한 값을 갖는 것으로 설정하는 경우가 많다. 이러한 수의 특성을 countable data라고 한다. 이는 헤아려서 설정하는 숫자라는 의미이다.

그리고 연속(Continuous) 확률변수는 주어진 범위 내에서 임의의 실수 값을 갖는 것으로 설정한다. 이 경우의 수 특성을 measurable data라고 한다. 이는 측정해서 설정하는 숫자라는 의미라고 생각하면 된다.

먼저 이산 확률변수에 대한 몇 가지 경우를 표를 살펴보면 다음과 같다. 숫자를 설정하는 규칙을 이해하는 것이 중요하며, 이러한 규칙은 순전히 통계를 정리하는 여러분이 정하는 대로 나타난다.

실험	확률변수(x) 규칙	이산 확률변수
고객 5명과의 계약	주문 고객 수	0, 1, 2, 3, 4, 5
선적 라디오 품질검사	불량품 개수	0, 1, 2, … , 49, 50
1일 식당 운영	고객 수	0, 1, 2, 3, …
자동차 판매	구매고객의 성별	남성: 0, 여성: 1

다음으로 연속 확률변수에 대한 몇 가지 경우를 표로 살펴보면 다음과 같다. 여기서도 여러분은 숫자를 설정하는 규칙을 이해하는 것이 중요하다.

실험	확률변수(x) 규칙	연속 확률변수
은행 점포 운영	도착 고객 간 시간간격	$0 \le x$
캔 음료 채우기	그램 수(최대 120)	$0 \le x \le 120$
도서관 건축 프로젝트	6개월 이내 마칠 가능성	$0 \le x \le 180$
화학처리	반응 온도(최소 150°F; 최대 212°F)	$150 \le x \le 212$

우리는 앞에서 사건 또는 사건의 속성을 X라고 하고, 사건 빈도의 모습을 다음의 두 가지 그래프로 말한 바 있다. 왼쪽 그래프가 이산 분포이고, 오른쪽 그래프가 연속 분포이다. 여러분이 보아도 확연하게 차이가 있음을 알 수 있다. 전문 학자라 해도 별다른 생각이 나는 것은 아니다. 우리가 직관으로 느끼는 것을 똑같이 이해하면 되니까 하는 말이다.

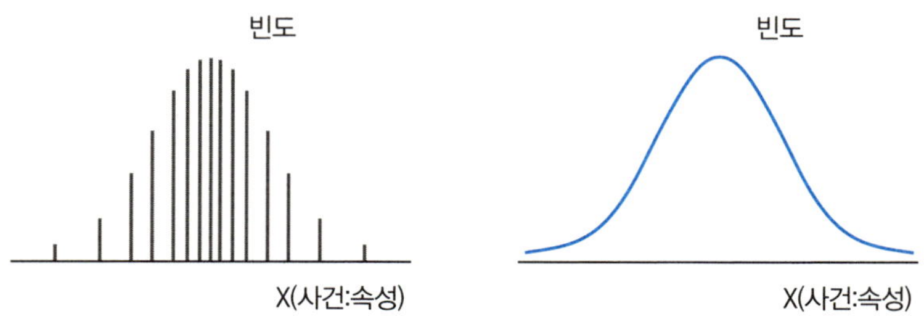

어떻게 차이가 나는 것일까?

앞에서 우리는 동전 두 개 던지는 일을 가지고, 확률변수와 확률을 설정하였으며, 이것을 표로 작성하였다. 확률변수는 동전의 앞면이 나오는 횟수로 값을 설정한다고 가정하자.

그러면, 다음과 같이 표로 표현할 수 있다. 여러분이 다음 표를 보는 것처럼, 확률변수는 0, 1, 2라는 정수 값으로 되어 있고, 그 사건에 해당하는 확률이 계산된 확률분포표가 되는 것이다. 그리고 최종적으로는 앞의 왼쪽 그림과 같은 모습의 분포가 나타나게 된다.

해당 사건	확률변수: X	확률: P
{TT}	0	1/4
{TH}, {HT}	1	2/4
{HH}	2	1/4
Ω	Σ	1

그런데 확률변수가 실수 값을 갖게 되면, 동전을 두 개 던지는 경우처럼 표로 작성하기 조금 어렵다. 앞에 제시한 연속 분포의 그래프를 표로 작성한다면, 여러분은 매우 난감할 것이다. 전문가도 난감하다.

여러분이 어렵다면 전문가도 어렵다. 그래서 표보다는 그래프로 표현하여 제시하는 것이다. 때때로 표보다는 그래프가 더 직관적이기 때문이다.

또한 이들 표나 그래프 대신에 수식으로 표현하기도 한다. 수식으로 표현하게 되면 이를 확률분포함수라고 한다. 연속 확률변수인 경우, 확률밀도함수라고도 하는데, 알아둬서 나쁠 것은 없다. 밀도(density)라는 말속에 연속의 의미가 있다는 정도만 알아 두면 된다.

문제는 확률을 계산하는 방식에서 확연하게 차이난다는 것이다. 동전 두 개를 던지는 경우에서 보는 것처럼, 확률은 한 사건에 대해서만 존재하고, 확률변수로 표현되는 각각의 사건은 중첩되지 않는 상호배반의 사건들이기 때문에, 그냥 더하거나 빼거나 하는 흔한 연산 방식으로 확률을 계산하면 된다.

그러나 연속 확률변수의 경우, 연속적인 상황에서 한 사건을 끄집어내는 것은 매우 어렵다. 한 사건을 끄집어내어야 할 경우에는 반드시 이산 확률변수로 규칙을 설정해야 한다. 연속의 경우는 한 사건이 아니라, 구간의 사건으로 정리할 수밖에 없다. 이러한 특성 때문에 단순하게 더하거나 빼거나 해서 확률 값을 계산할 수가 없다.

그래서 확률 본연의 특성으로 가서, 면적으로 확률을 계산해야 한다. 앞에서 우리는 확률을 면적으로 계산한다고 하였다. 그런데 문제는 연속 분포 그래프들을 보면, 가장 흔한 분포라고 하는 Normal Distribution조차도 면적을 구하기가 만만하지 않다. 계산이 어려워진다.

연속의 경우, 면적을 구하는 방식은 적분(integral)으로 계산하는 것이다. 이런 일들이 너무 어려울 수밖에 없다. 일일이 수작업을 한다고 하면 우리는 통계를 포기하여야 한다. 실제로 이런 계산을 강요한다면 통계를 안 하는 것이 낫다.

그런 입장은 전문가라고 하는 입장에서도 마찬가지니까, 확률 값을 쉽게 알아보도록 표를 만들어 제시하였다. 여러분들이 통계책의 맨 뒷부분을 보면 부록이라고 해서 여러 분포들의 확률값 표가 있는데, 바로 그런 이유이다.

그런데 이제는 컴퓨터로 쉽게 계산할 수 있다. 컴퓨터는 여러분의 계산을 도와주기 위한 도구이다. 이미 컴퓨터에 익숙해져야 하는데, 아직도 미루고 있다면 비대면의 코로나 시대에 도전해 보기 바란다.

특히 엑셀에서는 매우 탁월하게 확률을 계산할 수 있다. 관심을 가지고 시도해 보기 바란다.

4

미래 사건과 빈도를 알려주는 확률분포

생각하는 코너

Likelihood(가능도 또는 우도) 함수로 확률 찾기!

이제 동전을 10번 던져서 앞면이 7번 나왔다고 가정하자.

여기에서는 발생 확률이 높을 것으로 판단되는 likelihood 사건으로 확률 값을 찾으려고 한다. 확률분포함수는 확률 값을 결정짓는 것으로, 우리가 이미 알고 있는 확률(모수) 값을 전제로 하며, 시행 횟수와 성공 횟수를 통하여 확률을 계산하는 것이라고 하였다.

이에 반해, 우도분포함수는 우리에게 발생한 사건의 관찰 자료를 통해, 이 사건을 가장 잘 설명할 수 있는, 빈도가 가장 높을 수 있는 모수(확률) 값을 찾아가는 것이다.

우리가 동전을 10번 던졌고, 이때 앞면이 7번 나왔다. likelihood 함수를 최대로 만들어 주는 확률 값을 구해 보자.

(1) 확률 값을 알려주는 확률분포를 알아보자

likelihood 함수를 이해하기 전에 먼저 우리가 알아둬야 할 것들이 있는데, 그것들을 살펴보도록 하자.

앞에서 우리는 확률변수와 확률이 어우러져 완전체가 되고, 확률분포표를 이룬다고 하였다.

앞에서 살펴본, 동전 두 개를 던지는 실험을 통해, 다음과 같은 분포표를 작성할 수 있었다. 확률변수는 앞면이 나오는 횟수로 정하였다.

해당 사건	확률변수: X	확률: P
{TT}	0	1/4
{TH}, {HT}	1	2/4
{HH}	2	1/4
Ω	Σ	1

첫 번째 칸은 해당 사건으로 표본공간을 정리한 것이고, 두 번째는 확률변수, 그리고 세 번째 칸은 확률을 제시한 바 있다.

이를 표본공간, 확률변수, 확률의 관계로 이어지는 그림으로 제시해 보자.

사건들의 전체 집합인 표본 공간의 사건들에 대해, 여러분들이 정한 규칙을 적용하여 숫자를 설정한다. 그 과정을 확률변수라고 하였고, 그 결과로 정수 값이나 실수 값이 결정될 것이다. 그리고 확률변수 값에 대해 확률 값을 부여하면, 이 과정이 바로 확률(분포) 함수가 된다.

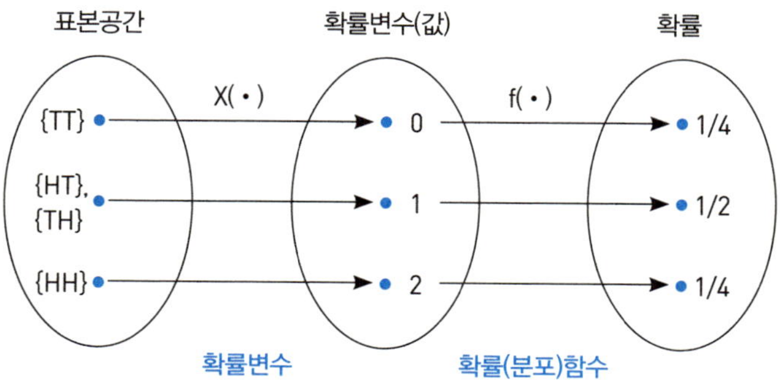

확률변수와 확률의 결합체가 확률분포함수이다.

다르게 표현하면, 사건에 대한 내용이 정해지면, 그에 따라 확률 값을 찾아주는 함수가 확률분포함수라고 하는 것이다.

따라서 저자가 확률분프함수를 여러분에게 알려주는 이유는 명확하다.

왜?

확률분포함수를 통해서 해당 사건에 대한 발생 빈도인 확률을 알 수 있기 때문이다. 이는 미래에 나타날 사건에 대해, 예측을 더 정확하게 하고 싶은 우리들의 욕구가 팽배하기 때문이다.

보통 우리는 현재의 사건 진행에 대해서도 알아야 하는 당위가 있지만, 나아가서 미래에 나타날 사건과 확률을 알게 되면, 보다 나은 결정을 할 수 있기 때문이다. 그래서 연구자들이 확률분포함수에 진심인 이유가 여기에 있다.

그러나 그게 결코 쉬운 일이 아니라는 것을 안다. 그럼에도 불구하고 많은 연구자들이 그들의 연구 결과들을 공유하면서 발전시켜 왔다. 이는 서구 지성의 노력 집합체이기도 하다.

다음 그림은 일반적으로 잘 알려져 있는 분포들의 관계를 정리해 놓은 것이다.

우리는 확률변수 값이 어떻게 설정되느냐에 따라, 이산과 연속의 분포로 나누어진다고 하였다. 점선의 상단 부분은 이산 확률분포함수, 하단 부분은 연속 확률분포함수들이 포함된다.

이산 데이터인 이산 확률변수 관련 분포는 그림에서 보다시피 버눌리(Bernoulli, 또는 베르누이라고 하여도 무방하다) 분포에서 출발한다.

버눌리 분포는 이 분포를 정리한 학자 이름을 붙여 사용한다. 매우 간단한 사건으로 구성되고, 단 1회 시행한다. 그리고 두 가지 사건만 발생하는데, 두 사건은 서로 상호배반사건이다. 확률변수는 성공 횟수라고 정리할 수 있다. 단 한 번 시행하는 사건이기 때문에, 확률변수는 0, 1이 되고, 성공확률 p에 따라 달라진다. 분포의 특성을 결정짓는 이러한 p를 모수라고 한다.

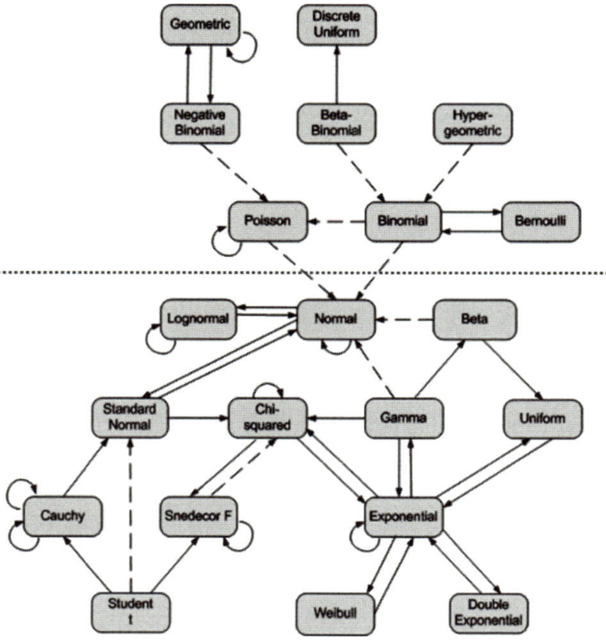

버눌리 분포를 n번 시행한다면, 그림에서 보다시피 이항(Binomial)분포가 된다. 이항분포에서는 시행횟수(n)와 확률(p)이 전체 분포를 결정짓게 된다. 이렇게 전체 분포를 결정짓는 주요 변수를 모수(parameter)라고 하고, 이항분포에서는 버눌리 분포와 달리, n과 p가 된다.

이항분포의 확률분포함수는 다음의 수식으로 표현된다.

$$n\text{번 시행에 } x\text{번 성공할 확률} = \frac{n!}{x!(n-x)!}p^x q^{n-x}$$

확률분포함수식에서 !는 factorial을 의미하며, 3!=(3)(2)(1)=6으로 계산되는 것을 말한다. 위 수식에서 !로 표현되는 부분은 n번 시행에 성공할 횟수가 x번이 되는 경우의 수를 말해 준다.

다음과 같이 다르게도 표현하고 있다.

$$_nC_x=\binom{n}{x}=\frac{n!}{x!(n-x)!}$$

이항분포도 두 가지의 사건만 나타나는 것으로 간주하기에, 예를 들어 성공과 실패, 두 가지 사건만을 고려한다. 성공할 확률이 p라고 하면, 실패할 확률은 q=1−p가 되는 것을 알고 있어야 한다.

여기서 보면, x는 성공 횟수로 우리가 알고자 하는 확률변수이다. 여러분이 정하면 된다. 그런데 문제는 전체 횟수 n과 확률 p가 전체 확률을 결정짓는다. 이 두 개의 결정적 변수가 확률을 결정짓는 모수(parameter)가 된다.

이때, p가 0에 가까운 값이고, n을 아주 큰 값으로 확장시켜 나가면, 이 분포는 포아송(poisson) 분포가 된다. 그리고 p가 0.5에 가깝고, n을 아주 크게 확장시켜 나가면, 연속 분포들의 핵심이 되는 정상(normal) 분포가 된다. 서구에서 가장 자연스런 정상분포라고 언급한 것이기도 하며, 이 분포가 통계 연구의 시작이자, 과정이며, 끝이기도 한 분포이다.

이런 수많은 분포는 결국 하나의 결론에 도달한다. 해당 사건의 확률 값을 찾기 위한 노력이라는 것을.

그리고 빼먹지 않고 연구자들이 찾아온 것은 또 하나, 빈도의 대푯값들이다. 모든 빈도들의 중심 자리인 평균과 그 평균으로부터의 편차들을 알고자 하는 것은 이미 언급하였다.

모든 분포들이 정상분포로 귀결되고 있음을 알 수 있다.

다음 그림에서 x는 확률변수, 특히 연속 확률변수이며, 정상 확률분포함수는 오른쪽 수식으로 표현한다. 이 분포에서 확률변수 x의 확률을 결정짓는 변수가 두 개 있다. 하나는 μ이고, 또 다른 하나의 σ이다. 이 두 개가 모수이다. 여러분들이 잘 아는 평균과 표준편차가 바로 그것이다.

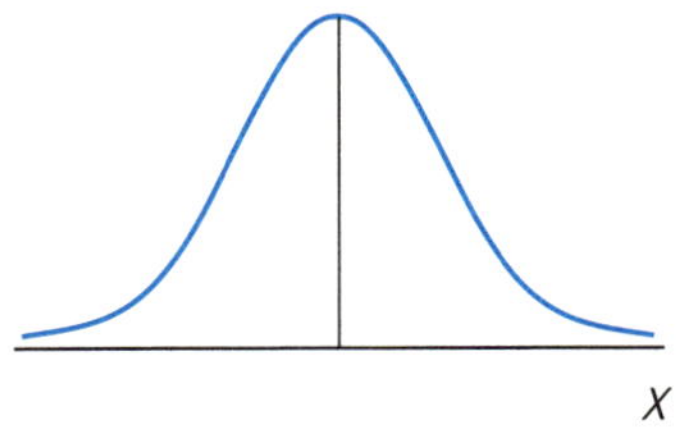

$$f(x)=\frac{1}{\sigma\sqrt{2\pi}}e^{-\frac{1}{2}\left(\frac{x-\mu}{\sigma}\right)^2}$$

가장 자연스런 정상분포에서 사건 x의 확률을 알기 위해, 평균과 그로부터의 오차를 알아야 한다는 것은 매우 중요한 것이기에, 모든 분포에서 평균과 표준편차를 대표로 계산하고, 찾아왔던 것이다.

우리는 그 이유만 알면 된다. 더 복잡하게 알면 도움은 조금 되겠지만, 머리만 아플 것이다. 그래서 정상의 Normal distribution을 통계책들마다 열심히 설명하는 이유이기도 하다. 모든 분포를 정상의 Normal distribution으로 귀결시키고, 우리가 찾고자 하는 사건의 미래 빈도, 즉 확률을 얻고자 하는 것이다. 그런데 하나하나의 정상분포(Normal distribution)마다 매번 확률 값을 다시 계산하다 보니, 굉장히 번거롭고 어려운 일일 수밖에 없다. 그래서 모든 정상분포에 대해 더 쉽게 확률 값을 계산할 수 있도록 정상분포를 표준화하게 된다. 표준화는 확률변수 X를 다음과 같은 확률변수 Z로 변환하면 된다. 흔히 말하는 표준화 방식이다.

$$z=\frac{x-\mu}{\sigma}$$

확률변수 X를 확률변수 Z로 변환해서 만들어진 정상분포를 표준정상분포(standardized normal distribution)이라고 하며, 이것을 통해 모든 정상분포의 확률 값을 쉽게 찾아낼 수 있게 되었다.

앞에서 언급한 것처럼 사건과 그 사건의 빈도, 즉 확률을 알면 더 나은 결정을 내릴 수 있다는 것을 알기에, 연구자들이 그렇게 연구에 매진하며 확률을 찾아온 것이다.

이 정상의 분포는 양쪽 끝으로 갈수록 나타날 사건의 발생 빈도가 거의 희박하다고 말하고 있다. 그러나 현실은 그렇지 않은 것 같다.

정상분포를 믿어서 생긴 엄청난 사건이 발생하게 된다. 극단의 위기는 언제나 정상분포곡선 밖에서 일어난다. 아래 그림에서 보는 것처럼, 극단에 있는 0.1%라는 희박한 확률의 일이 발생하면서 사회 전체에 치명타를 주는 일이 생겼다. 이를 나심 니콜라스 탈레브(Nassim Nicholas Taleb)는 Black Swan이라고 불렀다.

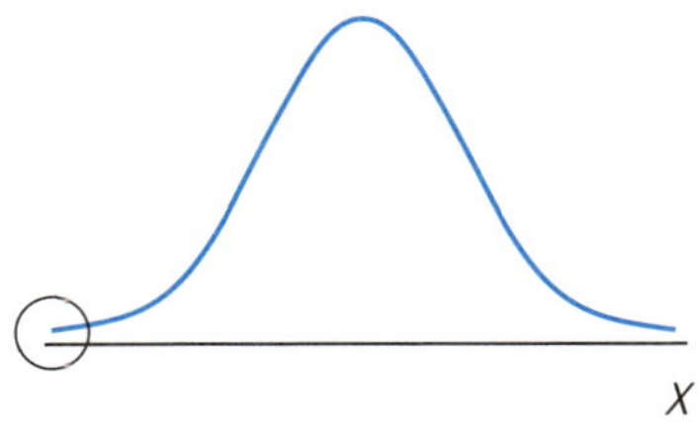

아주 희박하여 나타날 것 같지 않은 일이 우리 사회에 발생하고, 이것들이 우리 사회 전반을 뒤흔들면서 국면을 바꾸어 버린 사건들이 종종 생기고 있다. 지금 겪고 있는 코로나 병란! 우리는 이런 위험을 Black Swan이라고 한다.

마이런 숄즈(Myron S. Scholes)와 로버트 머튼(Robert C. Merton)은 노벨 경제학상을 공동 수상하였다.

그들은 블랙 숄즈 머튼 공식으로 노벨 경제학상을 수상하게 되었다. 이 공식을 근간으로 파생금융상품기법(MBA 최고 인기과정) 지식으로 무장한 천재들이, 숄즈와 머튼이 함께 설립한 Long Term Capital Management(LTCM)에 대거 지원하면서, LTCM은 승승장구하며 세계의 주목을 끌었다. 그리고 전 세계 금융기관들은 그들이 창출해낸 높은 수익률에 환호하였고, 너도나도 LTCM에 투자하게 되었다. 그러나 1998년 여름, 예측 전문가들을 포함한 어느 누구도 예측하지 못했던 러시아의 모라토리엄 선언으로 이 회사는 파산하게 되었고, 전 세계 금융

위기를 유발하였다. Black Swan이 발생한 것이었다.

또한 최근에는 전 세계가 예측하지 못한 중국 우한의 코로나 발생이라는 Black Swan이 아직도 전 세계를 강타하고 있으며, 우리는 너무나도 실감 나게 경험하고 있다. 여기에 또 다른 Risk가 있다. 아래의 미셀 부커(Michele Wucker)가 정의한 Gray Rhino(회색 코뿔소) risk다.

부커는 2013년 다보스에서 열리는 세계경제포럼에서 Gray Rhino 개념을 처음 발표했다. 그녀는 예측 불가능하지만 한번 나타나면 엄청난 타격을 안기는 Black Swan보다 발생 가능성이 높고 빤히 보이지만 사람들이 무시하는 위험인 Gray Rhino에 더 걱정하며, 더 신경을 써야 한다고 경고했다. 부커는 Gray Rhino는 다가올 가능성이 매우 높고 빤히 보이지만 사람들이 간과하는 위험을 의미한다고 하였다. 우리를 향해 달려오는 위험이지만 이것을 보지 못하거나 두려움에 아무것도 하지 못하거나, 눈앞에 두고도 이를 부인해 맞이하게 되는 위험을 Gray Rhino로 비유한 것이다.

Black Swan은 우리가 예측할 수 없는, 우리가 상상도 하지 못했던 일이 일어난다는 의미다. 예측 불가능한 사건의 발생으로 우리에게 닥치는 엄청난 위험이라면, Gray Rhino는 예측 가능함에도 불구하고, 경계에 소홀하고, 기존 관념과 낙관주의에 빠져 경고음을 무시하여 발생하는 위험이다. 이 위험 또한 조직에 엄청난 충격을 준다. 최근 통제국가주의 중국 공산당의 정책들이 자국의 경제는 물론이고, 세계의 글로벌 공급망 문제를 크게 야기하고 있다. 그중 하나로 중국에서 시작된 요소수 대란도 사실 알고 보면 Gray Rhino에 지나지 않는다.

통계를 통하여 예측 불가능한 Black Swan Risk도 만나고, 예측 가능하지만 타성에 젖어 경고음 등을 무시하여 Gray Rhino Risk도 만나는 등, 우리는 지금 수많은 위험들을 만나고 있다.

학자들이 Risk를 동물로 우화화하여 표현하고 있지만, 우리 삶 속에서 전혀 예기치 않은 Risk(?)들이 발생하게 될 것이다.

한때 온난화 문제로 해수면이 올라간다는 등 난리 법석을 떨었지만, 반성도 없이 조용히 사라졌다. 그런데 이제는 기후 변화라고 단어를 바꾸고 나와, 탄소중립 등으로 세계의 정부와 언론들이 난리 법석을 떨고 있다. 지구를 깨끗하게 지키자는데 무슨 반론을 할 수 없지만, 전 세계가 쓰지 않아도 될 너무나도 과도한 비용을 지불하고 있다는 점에서 안쓰럽기만 하다.

그러나 기후 변화 이면에 더 깊은 Risk가 있음을 알고 있는 사람들이 없으니, 참으로 안타까운 일이다. 이 이야기는 다른 문제이므로 여기에서는 생략한다.

아무튼 이 시대를 살아가는 우리들이 조금 더 각성한 지혜로 우리의 삶을 개척해 가야 할 필요가 더욱 절실하다는 것을 알았으면 좋겠다.

(2) Likelihood 함수를 알아보자

버눌리 분포 등 확률분포의 종류도 대략적으로 알게 되었으니, 이제 사례에서 제시하였던 최대의 Likelihood(가능도 또는 우도) 값을 찾아보자!

사례에서 우리는 동전을 10번 던졌고, 이때 앞면이 7번 나왔다고 했다. 단순하게 동전의 앞면이 나올 확률을 말하면, 7/10이라고 말할 수 있다.

그런데 Likelihood 값? 이것은 무엇일까?

차근차근 Likelihood(가능도 또는 우도) 값을 찾아보기로 하자.

확률분포함수의 의미도 알았으니, 또 하나 앞에서 자세히 설명하지 않고 지나온 중요한 개념으로 likelihood(가능도 또는 우도(尤度))를 알아보자.

우리는 앞에서 한 사건(확률변수로 변환)이 발생하면, 그 사건에 대한 확률을 확률분포함수를 통하여 찾는다고 하였다.

그런데 우리는 우리 앞에 발생한 사건의 특성에 대해 말을 하지 않았다.

지금 우리 눈앞에 사건이 발생했다고 하자. likelihood(가능도 또는 우도(尤度))를 이해하기 위해서 먼저 발생한 이 사건에 대한 해석이 중요하다.

현재 발생한 이 사건은 나에게만 나타난, 희소한 특별 사건이 아니라, 사실 빈도가 높은 흔한 사건이 나에게도 발생한 것으로 해석한다는 것으로부터 출발한다. 빈도가 높은 흔한 사건이라는 의미에서 likelihood(가능도 또는 우도(尤度)) 단어를 사용하고 있다.

말하자면 출현 빈도가 가장 높은 사건이 나타난 것이지, 희소한 사건이 나타난 것이 아니라고 판단하였다. 그리고 우리에게 발생 확률이 높을 것으로 판단되는, 즉 likelihood 사건이라고 해석한다.

확률분포함수는 확률 값을 결정짓는 것으로, 우리가 이미 알고 있는 확률(모수) 값을 전제로 하여, 시행 횟수와 성공 횟수를 통하여 확률을 계산하는 것이라고 하였다. 이항분포함수를 예를 들어 살펴보자.

시행횟수 n, 성공 횟수 x, 반듯한 동전을 던지는 실험을 한다고 하면, 우리는 앞면이 나올 확률 p는 0.5로 이미 알고 있고, 다음의 이항분포함수를 생각할 수 있다.

$$\binom{n}{x} p^x (1-p)^{n-x}$$

이제 동전을 10번 던져서 앞면이 7번 나왔다고 하자. 그러면 앞의 이항확률분포함수에서, 이미 알고 있는 모수의 확률 p=0.5와 추가적으로 n=10, x =7을 적용하면, 이 사건의 확률을 알 수 있다. 즉,

$$\binom{10}{7}0.5^7(1-0.5)^{10-7}$$

으로 0.1172가 되는 것을 알게 된다.

그에 반해, 우도분포함수는 우리에게 발생한 사건의 관찰 자료를 통해, 이 사건을 가장 잘 설명할 수 있는, 빈도가 가장 높을 수 있는 모수(확률) 값을 찾아가는 것이다.

우리가 동전을 10번 던졌고, 이때 앞면이 7번 나왔다. 문제는 이 사건이 우리 앞에 흔하게 나타나는 사건으로 본다는 것이다.

이것을 그대로 우도분포함수로 표현하면 다음의 수식이 된다.

$$p^7(1-p)^3$$

이 수식을 토대로 가장 확률이 높게 나타나는 모수 확률 값, 10번 던져서 앞면이 7번 나오는 데이터를 가장 잘 표현하는 모수 확률 값을 찾는 것이 우도분포함수이다. 복잡한 수학 논거에 따라 충분히 입증할 수 있겠지만, 이미 우리는 수학의 복잡한 내용은 배제하기로 하였으니, 저자가 여러분 대신해서, 위의 우도분포함수에 대해 간단한 시뮬레이션을 시행하여 엑셀로 정리하였다.

엑셀에서의 시뮬레이션 결과는 다음과 같았다.

우도분포함수 중 가장 큰 값(0.26682793)을 나타내는 p 값이 0.70이다. 흔히 우리가 동전 10번 던져서 앞면이 7번 나오면 확률은 얼마인가 하는 것과 결과는 같지만, 의미와 절차는 매우 다르다. 우도함수는 관찰된 데이터로 해당 모수 값을 찾는 것이라고 보면 된다.

p	Likelihood
0.10	0.00000875
0.20	0.00078643
0.30	0.00900169
0.40	0.04246733
0.50	0.11718750
0.60	0.21499085
0.70	0.26682793
0.80	0.20132659
0.90	0.05739563
MLE	0.26682793

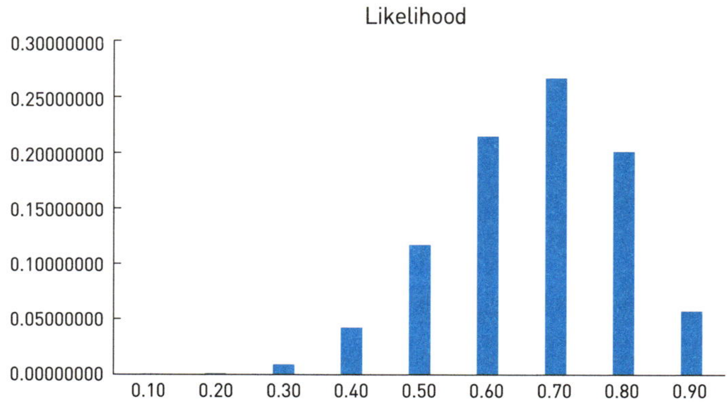

확률함수와 likelihood 함수를 비교해 보자.

확률함수는 사건 발생 확률인 모수 값을 알고 있는 상태(fixed parameter)에서, 즉 동전 앞면이 나올 확률이 1/2이라는 것을 알고 있는 상태에서, 동전 10번 던졌을 때, 앞면이 7번 나올 확률(probability)을 구하는 것이다.

반면 likelihood 함수는 동전 10번 던졌을 때, 앞면이 7번 나왔다는 사실을 관찰하고 난 다음, 이를 가장 잘 설명할 수 있는 가장 흔한 사건의 모수 값(parameter)을 찾아가는 것이라고 생각하면 된다.

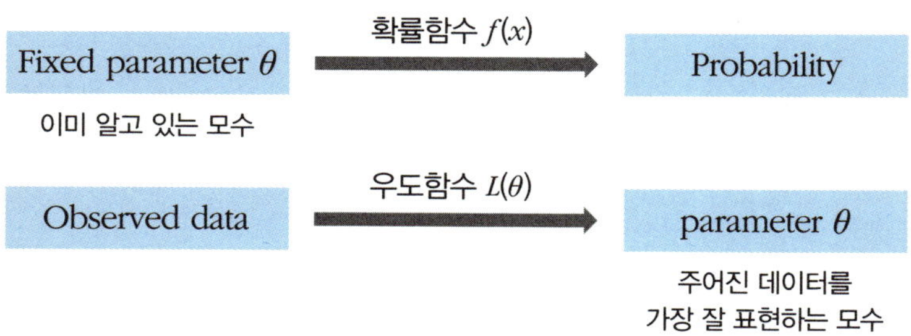

이러한 likelihood 함수는 인공지능의 기계학습 알고리즘으로도 매우 유용하게 활용되고 있다는 것도 같이 알아두기 바란다.

5부

사건 전체를 알고 싶은 통계

1

전체를 알고 싶은 통계의 바람

생각하는 코너

빅데이터 시대의 지식 탐색 방법을 고민해 보자!

시장의 변화가 과거와는 다르게 크게 변화하고 있으며, 처리해야 할 데이터 양도 폭증하면서, 과거의 지식으로는 설명하지 못하는 사건들이 나타나고 있다. 그래서 새로운 지식을 찾기 위한 새로운 노력들이 필요하다.

첫 번째 그림은 기존 통계방식에서 가설 확인 중심의 지식 발견 방법이고, 두 번째 그림은 가설 발견 중심의 지식 발견 방법 중 데이터마이닝 방식을 표현한 것이다. 지식 발견 방법의 변화와 차이에 대해 알아보자.

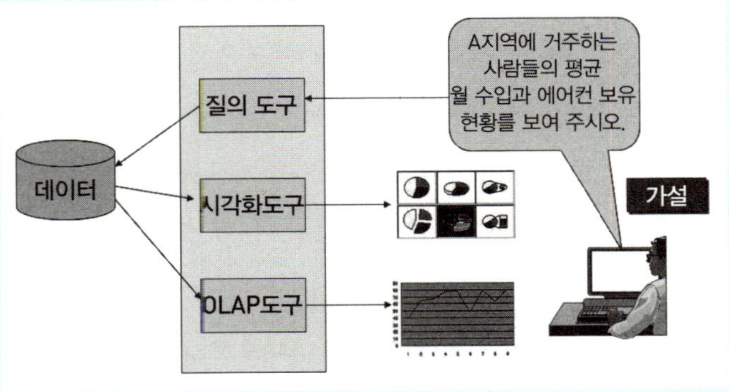

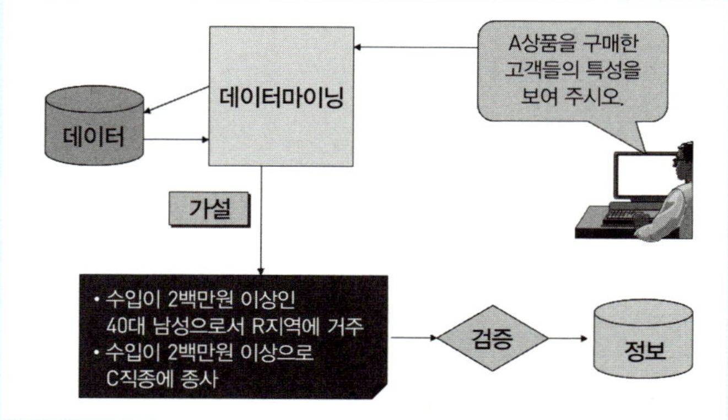

책 서두에서, 통계는 사회와 세상, 그리고 자연을 이해하기 위한 지식 탐구의 도구로 사용되었고, 서양 모든 학문의 기본이 되었으며, 경험론과 경험 철학의 근간이 되었다고 하였다. 서구의 지식은 귀납적인 접근방법을 통하여, 개별적인 경험으로부터 자연을 보편적으로 설명하고자 노력해 왔다.

이미 책 서두에 언급하였지만, 한 번 더 살펴보자.

서구 사회에서 과학이라고 불리던 지식이라는 것은 자연 현상을 관찰하며 얻은 경험으로부터 비롯되었다고 언급하였다. 그리고 그 노력들이 진화하면서, 수백 년 전부터는 개별 경험을 통해 얻은 지식들을 일반화하기 시작하였다. 모형이나 일반화 과정을 통하여 보편적인 통합 이론으로 체계화하려 하였다.

그러나 통합된 보편이론인 grand theory를 도출하기 위한 노력들이 많은 성과를 내긴 했지만, 보편 통합이론에는 도달하지 못하였다. 그래서 컴퓨터 등의 도구들을 동원하여 복잡한 현상계를 시뮬레이션하고, 다양한 실험 등의 연구를 통해, 자연과 사회, 나아가서 사람에 대한 이치를 더 정밀하게 파악하려 하였다. 최근에는 데이터 탐사 활동을 통해 새로운 데이터 체계를 구축하려는 노력들이 Data Science 지식 체계로 통합되면서, 지식 발견을 위한 더 많은 노력을 기울여왔다. 이러한 노력들은 인공지능, 특히 기계학습 알고리즘 운용 등으로 더욱 진화하고 있다. 그리고 이런 노력들은 수많은 사회, 자연의 데이터를 통하여 삼라만상의 모습을 한 이론에 담고자 하였던 것이다. 물론 쉬운 일이 아니지만, 그럼에도 불구하고 많은 성과를 새롭게 이루어 있기도 하다.

사례에서 제시한 것처럼 장바구니 분석과 데이터마이닝 등의 기법들을 통해, 기존의 통계 프로세스에서 진행하던 지식 발견 방식을 벗어나면서, 사회, 자연과 우주에서 발생하는 수많은 데이터들로 새로운 진면모를 찾으려고 노력하고 있는 것이다.

반면 동양의 세계에서는 깨달음을 통한 우주 보편성을 토대로 출발하였지만, 깨달음은 멀어지면서, 종교는 종교대로, 이념은 이념대로, 가치는 가치대로 모든 면에서 나눠지게 되었다. 그러면서 기존의 깨달음보다 못한 쇠퇴의 모습이 진행되었으며, 서구 사회가 데이터를 집적하여 진화시켜온 지식보다 더 쇠퇴하였고, 지금은 서구의 지식과 과학 체계가 주류의 지식체계로 자리 잡고 있는 실정이다.

그래서 우리는 서구에서 진화되어온 기존 통계 프로세스에서, 일부의 데이터들을 통하여, 전체 실상을 알아보려는 방식을 살펴보고자 한다.

우리는 주부의 음식 만들기를 들여다보면 흔히 알 수 있는 일이다. 보통 주부가 국을 끓일 때, 국의 간이 제대로 되었는지를 보려고, 국을 휘휘 젓고 난 후, 국물 한 숟가락으로 간을 본다. 만약 한 숟가락으로 충분하지 않으면, 두세 번 맛을 보는데, 그것이 전부다.

그렇지만 그 속에는 국물 전체를 잘 섞어서, 국 전체의 맛을 대표할 수 있도록 국물 전체의 간이 맞추어져 있어야 한다는 중요한 전제가 있음을 알 필요가 있다. 전체를 잘 대표할 수 있는 한 숟가락 분량의 국물이어야 한다는 것이다.

그렇게 한다면, 통계의 세상에서도 가능하지 않을까?

가능하지 않을까가 아니라, 가능하도록 서구의 지성은 노력해 왔다. 어쩌면 서구의 지성이 아니라, 우리 인류 본연의 심성이지 않을까 생각한다.

전체를 알고 싶은 마음은 통계가 나아가고자 하는 지식의 향방이라고 말할 수 있다. 그래서 서구의 지성들은 일부 데이터로 전체의 윤곽을 이해하기 위한 노력을 해 왔으며, 하나의 큰 공로를 세우게 된다.

앞에서 대니얼 카너먼과 아모스 트베르스키가 아주 자연스러운 분위기에서 상당수의 통계학자들에게 던졌던 질문, 그러면서 7회 6시그마 자격인증시험 1번 문제였던 사례를 상기하시기 바란다. 저자가 설명하면서 두 가지를 전하였다.

첫 번째는 이산이든 연속이든 사건 빈도 분포는 중심으로 모이는 경향을 갖는다고 하였다. 즉, 파악하는 표본의 수가 많아질수록 표본오차(변동)가 적어지면서, 전체 집단의 평균에 다가간다는 대수의 법칙(Law of Large Numbers)이다.

두 번째는 표본의 수가 많아지면 표본 통계량의 분포는 정상분포(Normal Distribution)가 된다는 중심극한정리(Central Limit Theorem)였다. 중심극한정리를 수학적으로 말하자면 어려워지니까, 세 개의 꼭지로 정리해 보자.

첫째, 표본의 크기가 커질수록, 표본 평균(통계량의 하나)의 평균은 모집단의 평균과 같아진다.

둘째, 표본의 크기가 커질수록, 표본 평균의 분산은 모집단의 분산을 표본의 크기로 나눈 것과 같다. 즉 분산이 더 적은 표본 평균의 분포를 얻을 수 있다는 말이다.

셋째, 표본의 크기가 커질수록, 표본 평균의 분포가 어느 집단에서 추출되었는지 상관없이 그 표본 평균의 분포는 정상분포(Normal Distribution)가 된다.

중심극한정리는 통계 지식의 백미라고 할 정도로 대단히 중요한 연구의 성과물이었다. 이러한 중심극한정리로 인해, 드디어 전체(모집단)를 대표하는 값(모수)들인 평균과 분산을 찾아갈 수 있게 되었다.

그림으로 보면 조금 더 이해할 수 있을 것 같아서, 다음 그림을 살펴보자.

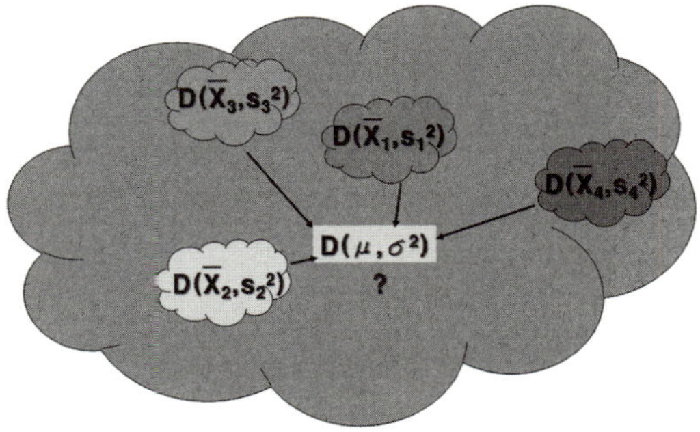

그림에서 보는 것처럼 전체 집단에서 일부 집단을 추출하고, 대표가 되는 평균과 분산을 구해 보자. 그리고 더 많은 일부 집단에서 대표가 되는 또 다른 평균과 분산을 구할 수 있을 것이다. 이때 평균들만을 추려서 분포를 형성할 수 있는데, 이것이 표본 평균들(이것이 통계량의 하나이다)의 분포이다.

이 표본 평균의 분포를 대상으로 표본의 크기를 크게 가져가면 전체 모집단의 평균과 같아지며, 분산은 표본의 크기로 나눈 만큼 작아지고, 분포는 정상 분포에 도달한다는 것이 중심극한정리이다.

국물의 원리와 중심극한정리가 만나면, 대단한 조화를 발휘할 수 있다. 그러면 일부 표본의 통계량을 통해 전체의 대표가 되는 평균이나 분산을 설명할 수 있게 된다는 것이다.

그러나 일부분을 가지고 전체를 말한다는 것은 대단히 어려운 일일 수밖에 없다. 지난 우리 인류의 역사를 통해서 보면, 좋은 말로는 진화 발전이지만, 점점 더 세분화되어 가는 입장이었다. 그러니 더 나누어진 종교, 이념과 과학 지식 등은 오히려 전체를 더욱 알기 어려워진 상황이 되었다. 그러니 일부를 가지고 전체를 알아낸다는 것은 아주 어려운 일일 수밖에 없는 것이다. 통계는 바로 이런 어려움을 뚫고 전체의 모습을 알아보려고 노력하는 지식 체계라 할 수 있다.

우리가 주방에서 온전히 국물을 만들 수 있지만, 현실의 세계는 전혀 그렇지 않다. 국물의 원리가 제대로 작동하지 않는 것이 현실이다. 오히려 끼리끼리 모여 있다는 말이 사실일 수도 있다. 따라서 국물의 원리가 제대로 작동하지 못하면, 그 국물만의 세계, 즉, 전체와는 전혀 다른 일부 집단의 진실만 밝혀준다는 것이다. 그 유명한 사례가 있다.

미국 여론조사에서 나온 것이다. 여론조사는 아주 좋아졌다고 하지만 아직까지 헤매고 있는 중이다.

미국의 여론조사는 1824년부터 실시되었다. 그동안 실패한 사례가 많았지만, 역대급으로 실패한 여론조사가 있다. 물론 처음부터 실패한 것은 아니었다.

1916년, 주간 잡지사였던 리터러리 다이제스트(The Literary Digest)사에서 처음으로 전국적인 여론조사를 실시하였다. 그 당시 대통령선거의 당선자를 예측하기 위해 후보로 출마한 윌슨(Wilson)과 휴스(Hughes)를 대상으로 여론조사를 실시하였다. 이 여론조사 결과로 윌슨의 당선을 예측하였고, 결과는 대성공이었다. 그 이후 이 주간 잡지사는 4차례의 대통령 선거에서 모두 당선자(1920년 하딩(Harding), 1924년 쿨리지(Coolidge), 1928년 후버(Hoover), 1932년 루스벨트(Roosevelt))를 맞추는 쾌거를 이루었다.

그로부터 리터러리 다이제스트사는 여론조사의 왕으로 약 20여 년을 군림하였다. 그리고 1936년 대통령선거를 맞이하게 된다. 1936년 미국 대통령 선거에서 현직 대통령이었던 민주당의 루스벨트(Roosevelt) 후보와 공화당의 랜든(Landon) 후보가 맞붙었다. 재선에 도전한 루스벨트 후보의 경우, 당시 선거 분위기로 쉽지 않았던 선거로 사람들이 알고 있었다(https://brunch.co.kr/@hyunkisong/208).

경합이 이루어지는 가운데, 여론 조사의 왕이었던 리터러리 다이제스트사가 대통령 후보들에 대한 여론조사를 위해 다시 설문 조사를 실시하였다. 이 잡지사는 굉장히 의욕적으로 1,000만 명에게 설문지를 발송하였으며, 240만 명으로 응답을 받게 된다. 그리고 응답된 설문지를 분석하여, 대통령선거 결과를 예측하였는데, 공화당의 랜든 후보가 57%의 예상 지지율로 당선될 것으로 예측하였다. 이 잡지사가 예측한 각 후보별 예상 지지율은 표와 같았다.

	루스벨트(Roosevelt)	랜든(Landon)	표본 크기
다이제스트 예측	43%	57%	240만

그런데 실제 선거가 치러졌고, 선거의 최종 결과는 민주당의 루스벨트 후보가 62% 지지를 받아 압도적으로 재당선되었다. 그리고 2년 뒤, 리터러리 다이제스트사는 폐간의 비운을 맞이하였다. 20년간 여론조사의 왕에서, 한 번의 실패로 역사 속에서 사라지게 된 것이다.

	루스벨트(Roosevelt)	랜든(Landon)	표본 크기
다이제스트 예측	43%	57%	240만
실제 결과	62%	38%	4,570만

도대체 무엇이 문제이었을까?

제대로 섞이지 않은 국의 간을 본 것이다.

리터러리 다이제스트사는 무려 1,000만 명의 유권자를 선정하여 설문지를 보냈다. 먼저 자신들의 잡지를 정기 구독하는 구독자들을 포함시켰다. 그리고 다른 대상자들을 전화번호부에서, 자동차 등록부에서, 사설 클럽 회원 명부에서, 그리고 대학 동창회 명부에서 추출하여 설문조사를 실시한 것이었다. 여러분들도 눈치를 챘겠지만, 이 대상자들은 당시 기준으로 부유층에 해당하는 사람들이었다. 그런데 그해 선거에서 부유층은 대체로 공화당을 선호하였고, 저소득층은 대개 민주당을 선호하였던 것이다.

한쪽으로 편향된 표본으로는 당연한 결과였지만, 전체의 여론을 바르게 잡아내지 못한 것이다. 공화당을 지지하는 사람들의 진실만 밝혀주는 결과에 지나지 않았던 것이다.

지는 해가 있으면, 뜨는 해가 있다고, 그 해, 당선자를 예측한 이가 바로 오늘날 갤럽(Gallup)으로 알려진 그 갤럽의 출현이었다. 갤럽은 5만의 표본 크기만으로도, 민주당의 루즈벨트 후보 당선을 예측하였다. 비록 수치상에 차이는 있었지만.

갤럽(한국에 있는 갤럽과는 다른 회사)이 구성한 표본은 5만 명이었고, 할당 추출법이라는 새로운 표본 추출기법을 사용하였다. 이 방법은 이전의 인구 통계학적 자료를 바탕으로 모집단과 최대한 비슷하게 할당하여 대상자를 선정하였다. 이 방법으로 갤럽은 새로운 영광의 자리를 차지하게 되었다.

	루스벨트(Roosevelt)	랜든(Landon)	크기
다이제스트 예측	43%	57%	240만
갤럽 예측	56%	44%	5만
실제 결과	62%	38%	4,570만

그 이후 갤럽은 리터러리 다이제스트사를 대체하여 선거 여론조사의 대명사가 되었다. 그러나 그런 갤럽도 1948년 대통령 선거에서 실패를 경험하게 된다. 1948년에는 공화당의 듀이(Dewey) 후보와 민주당의 트루먼(Truman) 후보가 맞붙었고, 갤럽은 다음 표와 같이 듀이의 당선을 예측하였다. 하지만 실제 대통령 선거에서는 트루먼이 당선되었다.

	트루먼(Truman)	듀이(Dewey)
크로슬리 예측	45%	50%
갤럽 예측	44%	50%
로퍼 예측	38%	53%
실제 결과	50%	45%

갤럽의 강력한 조사기법인 할당 추출법에 대수술이 가해지게 되었다. 그동안 예측은 진화를 하고 있었지만, 아직도 만만하지 않았다.

간이 고루 섞인 국물에서 한 국자를 퍼내는 것이, 주방에서는 아주 간단하게 가능하였지만, 현실에서는 쉽지 않았던 것이다. 그럼에도 불구하고, 도전은 계속 이루어지고 있다. 이것은 통계가 나아가는 목적지 도중에 거쳐야 할 중요한 목표 지점이기 때문이다.

비단 대통령의 여론조사에만 국한되어 있는 것은 아니다. 세상에 주목을 많이 받는 상황이니 대중적으로 알려진 것이고, 기업에서도 제품과 관련된 조사에서도 똑같이 적용되는 문제이기도 하다.

전체에 대한 통계를 바르게 보기 위해서, 전체 국의 간을 제대로 파악할 수 있는 방법으로, 갤럽 등이 제시했던 체계적인 통계 기법 도입과 기법의 연구 개발은 기본적으로 중요하다.

그러나 사회와 자연에 대한 바른 통계를 얻기 위해 우리가 알아야 하고, 반드시 지켜야 할 몇 가지 사실들이 있다. 이것은 조직이나 사회를 바르게 이끌고, 성장을 시켜 나가려는 사람이라면 반드시 명심해야 할 사실이라고 말해 두고 싶다.

첫 번째, 치우침 없는 균형 시각으로 문제를 해결하려는 자세로 통계를 들여다봐야 한다. 그리고 더 중요한 사실은 사람들의 의견을 묻는다고 하는 통계 결과가 항상 진실인 것만은 아니라는 사실을 알아두어야 한다.

현재 전 세계적으로 벌어지고 있는 기후변화와 탄소중립 등의 내용에 대한 진실 문제에는 많은 논쟁과 의문이 제기되고 있지만, 그럼에도 불구하고 전 세계의 정치가들과 언론들이 웬일인지 앞뒤를 보지 않고 나아가고 있다. 마치 중국 우한에서 발생한 코로나로 공포에 빠진 모습처럼 허둥거리며, 방역을 빌미로 사람들의 생활에 제약을 가하면서, 검증을 덜 거친 백신에 꽂혀, 앞뒤를 따지지 않고 경쟁하듯 접종을 강제하는 모습들이 이상하기만 하다.

통계를 제대로 들여다보지 않고, 의학자들의 말도 듣기 좋은 말만 듣고, 나머지는 무시하고. 어디에서 잘못되었나? 아무리 예측하지 못한 Black Swan이 발생했다고, 전 세계가 이렇듯 허둥지둥이라니!

진실의 문제는 우선 제쳐 두고 생각하기로 하자.

2021년 9월, 미국 유수의 여론 조사기관인 퓨리서치센터(Pew Research Center)에서 기후변화에 대한 견해 차이를 조사하였다. 다음은 그 결과들의 일부만을 제시하였다. (In Response to Climate Change, Citizens in Advanced Economies Are Willing To Alter How They Live and Work, Pew Research Center, 2021.9.14)

전체적으로 기후변화로 인해 해를 입을 것이라 생각하는 사람이 대다수(72%)이고, 글로벌 기후 변화의 영향을 줄이기 위해, 기꺼이 희생을 치를 준비가 되어 있음(80%)을 보여주고 있다. 그리고 우리 사회가 글로벌 기후변화에 적절하게 노력은 하고 있지만(56%), 세계 기구들이 기후변화의 영향을 줄이는 노력에 대해서는 46%가 신뢰한다고 하여, 신뢰하지 않는 모습이다.

왜 그럴까? 그런 고민을 접어두고 통계를 살펴보자.

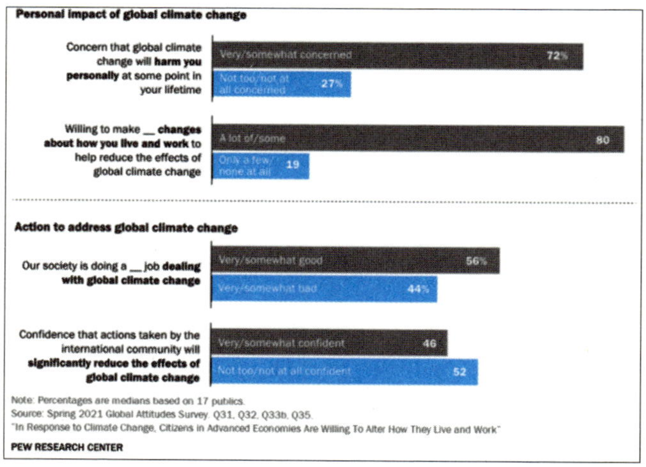

퓨리서치센터에서는 이 보고서에 다양한 내용을 담아 놓고 있다. 그런데 여기에 조금 더 자세히 조사한 내용을 들여다보면, 아주 재미있는 현상을 만나게 된다.

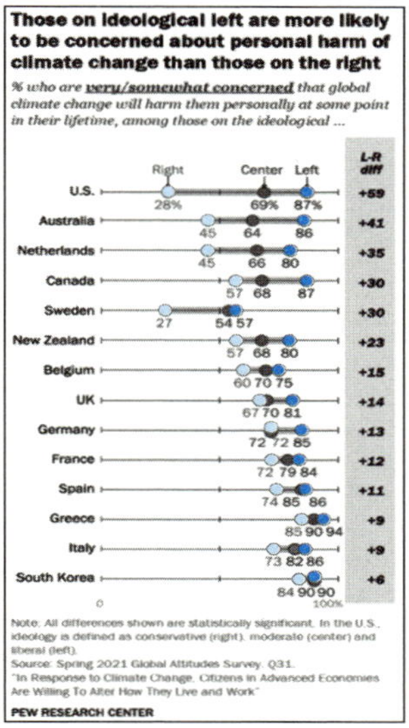

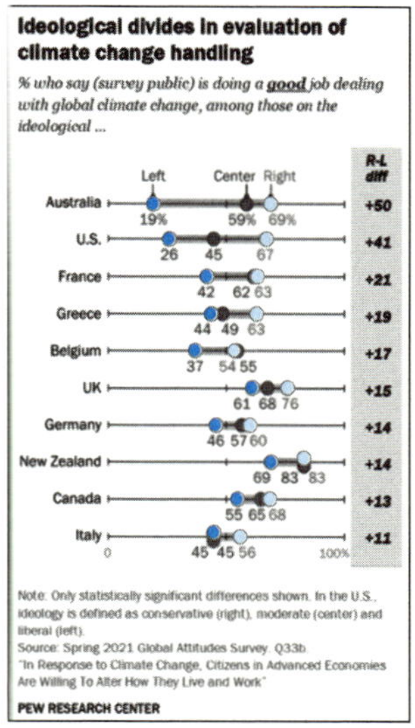

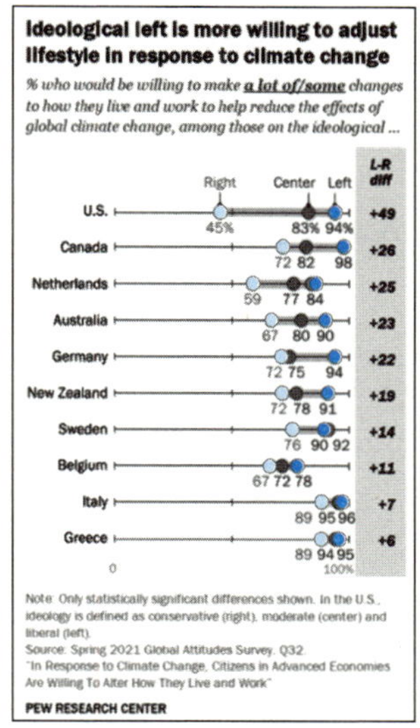

위 세 개의 그림에서, 짙은 청색으로 표현한 것은 좌편향 성향의 사람들 의견이고, 옅은 청색은 우편향 성향의 사람들 의견이다.

나라마다 다양한 차이를 보이는 것도 눈여겨볼 만하지만, 특히 미국의 경우, 사람들의 좌, 우 성향에 따라 매우 극명한 차이를 보이고 있음을 알 수 있다. 좌 성향의 사람들은 기후변화가 개인들에게 미칠 피해에 더 큰 관심을 표명하고 있으며, 이에 따라 기후변화 처리를 제대로 하고 있지 않다고 평가하고 있다. 그리고, 그들은 기후 변화에 대해 자신의 생활 스타일도 더 적극적으로 변화시키려고 하고 있음을 알 수 있다.

현재 미국에서 일어나고 있는 좌 성향과 우 성향의 대립이 어떤 정도인지를 이 그래프를 통해서도 명확하게 짐작되는 수준이다.

이렇게 의견이 극명하게 나누어진다면, 더욱더 치우침 없는 균형의 시각으로 문제를 해결하려는 자세로 통계를 들여다봐야 한다. 특히 경제 정책의 측면에서는 이것보다 더 심하게 의견이 나누어질 수 있기 때문에, 더 균형 잡힌 시각으로 접근해야 한다.

두 번째, 시장 경제의 양면이라고 하는 수요와 공급을 동시에 봐야 하며, 한 국가의 통계에만 한정하지 말고, 세계 지평의 통계도 같이 봐야 한다.

앞에서 수요와 공급은 서로 다른 성질이 있다고 하였으며, 이러한 다른 성질은 결국 시차에서 차이가 나타나게 된다는 것을 언급하였다.

그런데 사람들은 이런 수요와 공급의 다른 성질에 대해 무시하는 건지 아니면 무지한 건지, 마치 수요와 공급은 한 몸으로 움직이는 것처럼 생각하는 착각을 한다. 그리고 그런 수요와 공급이라는 것이 전체 하나의 시장에서만 존재하는 것처럼 생각하는 경향도 있는 것으로 보인다. 그러나 세분화된 무수히 많은 시장에서 서로 다른 수요와 공급이 상존한다는 사실을 잊어서는 안 된다. 이러한 수요와 공급의 다양한 모습 때문에, 많은 착각과 함께 판단을 제대로 하지 못하는 경향이 나타나고 있는 것도 사실이다.

성질이 다른 수요와 공급이라는 특성의 차이가 있지만, 문제는 수요 창출이 없는 상황에서 공급 부문의 초과가 이루어지면 일이 더욱 심각해진다는 사실이다. 앞에서 언급했듯이 공급 시장에 정책 개입이 이루어지면 항상 문제가 발생했다는 사실을 명확하게 알아야 한다. 수요와 공급 부분을 다 함께 살피는 지혜를 가지고 통계를 살펴야 한다. 세계적인 착각의 사례들이 많지만, 그중 하나를 살펴보자.

세계 초미의 관심사는 다양한 자원들의 공급과 수요 문제이다. 최근 불거지고 있는 글로벌 공급망이라는 것도 결국 주요 자원들의 수급에 관한 문제라고 할 수 있다. 특히 세계 필수 자원인 석유에 대해서는 항상 많은 말썽이 따르고 있었다. 모두 공급 부문에서의 일방적인 가격 상승이 세계 불황을 장기화시키기도 하였다.

2008년 4월에 접어들면서, 세계 유가가 배럴당 140달러를 넘어서려고 하는 상황이었다.

이러한 추세를 보고, 미국 투자은행인 골드만삭스는 앞으로 200달러까지

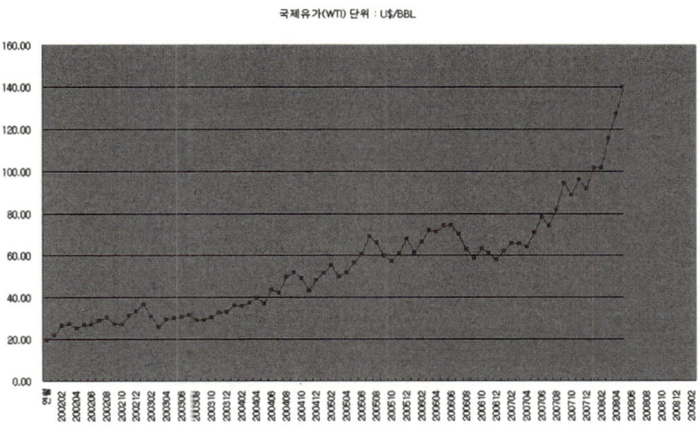

인상할 것이라고 예상하며 시장을 부추기고 있었고, OPEC 의장 역시 200달러 가능성을 언급하기도 하였다. 심지어 러시아 에너지 기업인 가스프롬(Gazprom)은 250달러까지 전망하였으며, 이러한 유가 상승세가 최소한 5년 지속될 것이라고까지 설명하였다.

이에 전문가들도 부화뇌동하며 이구동성 떠들었다. 이러한 모습은 다른 현상들에서도 똑같이 되풀이되는 모습이기도 하지만 말이다.

그러나 2007년 말부터 시작된 미국의 서브프라임 모기지 문제로, 미국경제가 휘청거리며 침체기로 진입하면서, 세계 경제에 영향을 주었고, 경기 침체로 돌입하게 되었다. 그러면서 많은 기관들과 전문가들이 급등할 것이라고 한 석유

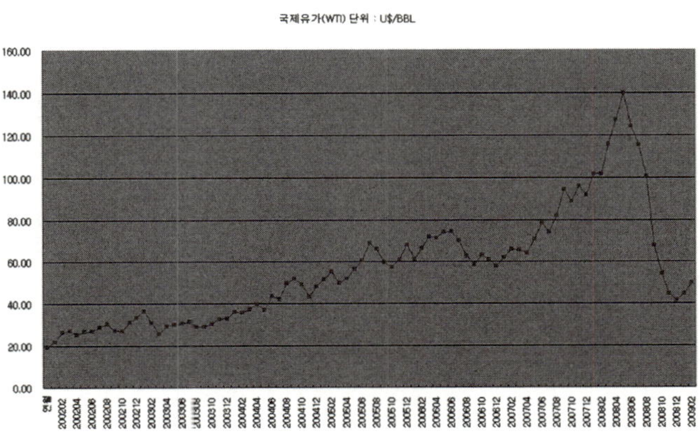

가격이 바로 급락하게 되었다.

향후의 유가 향방은 세계 경기 회복 시기와 속도에 달려 있다고 해도 과언이 아니다. 지금의 유가 추이는 다음과 같다. 얼마에 거래되고 있는지!

이러한 추세를 보고 여러분들이 세계 경제 모습을 유추해 보기 바란다.

경제 현상은 성질이 다른 수요와 공급이 상호작용하며 만들어 내는 현상임을 한시도 잊어서는 안 된다.

그러한 발자취의 궤적이 통계로 남겨지는 것이고, 그 통계를 기반으로 보다 면밀하게 살펴야 한다. 그리고 세계 데이터가 있다면, 국내 데이터와 함께 살피는 자세도 항상 견지해야 함에 유의하여야 한다.

세 번째 기억해야 하는 것은, 하나의 평균이라는 기본 틀에서 벗어나야 바로 보인다는 사실을 잊지 말아야 할 것이다. 이미 평균 관련해서 언급하였기에 여기에서는 강조하는 것으로 그친다.

이런 세 가지의 명심 사항을 기반으로 하여도 일부를 갖고 전체를 알아낸다는 것은 참으로 어려운 일이다. 그럼에도 우리는 현재도 노력하고 있는 중이다. 인간의 지성이 언젠가는 그 목표를 달성할 수 있지 않을까?

그런 지적인 노력이 통계 지식을 바탕으로 새로운 지식을 발견하려는 시도로 나타나고 있다. 이러한 지식 발견 기법이라 것은 어떻게 하든 전체에 대한 이해를 더욱 높이기 위한 노력이라는 것을 알아두어야 한다.

하나는 현재 통계 기본 지식에서 출발하는 방법과 최근 빅데이터 상황에서 지식을 발견해 나가는 새로운 방법이 있다.

전자를 우리는 확정적 분석방법(Confirmatory Analysis Approach)이라고 한다. 이 방법은 그동안 우리들이 특정 사건이나 그 사건의 자료를 통해 관계를 알고 싶을 때, 상관 관계나 인과 관계 등에 대해 가정을 먼저 세우고 나서 그 가정을 검증하거나 오류를 지적하여 지식을 발견해 나가는 방법이며, 기존의 통계분석 또는 온라인 분석 처리 기법 등이 여기에 포함된다.

후자를 우리는 발견적 접근방법(Discovery Driven Approach)이라고 한다.

자동화된 도구들을 이용하여 자료 속에서 의미 있는 패턴이나 인과 관계, 상호 연관성을 밝혀내는 빅데이터 연구에서 사용하고 있는 방법들로, 통칭하여 데이터 마이닝(Datamining) 기법이라고 한다. 이 기법은 대량의 데이터로부터 새롭고 의미 있는 정보를 추출하는 지식발견 기법이다. 일반적으로 데이터를 분석하는데 사용되는 기법들은 다음과 같다. 데이터로부터 정보를 뽑아내는 기능을 제공하기 때문에 넓은 의미에서 데이터 마이닝 기법이라 해석할 수 있다. 그리고 학자에 따라서 의견이 분분한 기법들도 있지만, 대개 다음과 같은 기법들이 사용된다.

일반질의(Query), 시각화(Visualization), 온라인 분석 처리 기법(OLAP; On-Line Analytical Processing), 회귀분석, 판별분석 같은 고급의 전통 통계(Statistics) 기법, 의사결정나무(Decision Tree), 신경망(Neural Networks), 동시발생 매트릭스(Co-Occurrence Matrix), 유전 알고리즘(Genetic Algorithm), K-평균군집화(K-Means Clustering) 등이다.

일반질의(Query), 시각화(Visualization), OLAP, 회귀분석, 판별분석 같은 고급의 전통 통계기법 등 일부는 전통의 통계기법에 포함되지만, 데이터 마이닝 기법의 일부로 간주하기도 한다.

특히, 의사결정나무나 신경망과 같이 기계학습(machine learning) 등의 지식발견 기법들이 활발하게 연구되고 있는 것은 전통적인 통계를 통한 지식발견 기법의 한계 때문이다. 그럼에도 불구하고 기본적인 통계 기초 지식은 지식발견 기법의 바탕이 되고 있음을 알아야 한다.

데이터 마이닝 등의 발견적 지식탐색 기법에서는 데이터 수집 단계, 데이터 준비 및 정제 단계, 데이터 탐사 단계(EDA), 데이터 분석 및 모형 설정 단계(기계학습 알고리즘 적용 단계), 최종 시각화 단계를 거치면서, 데이터의 진면모를 찾아내려 한다.

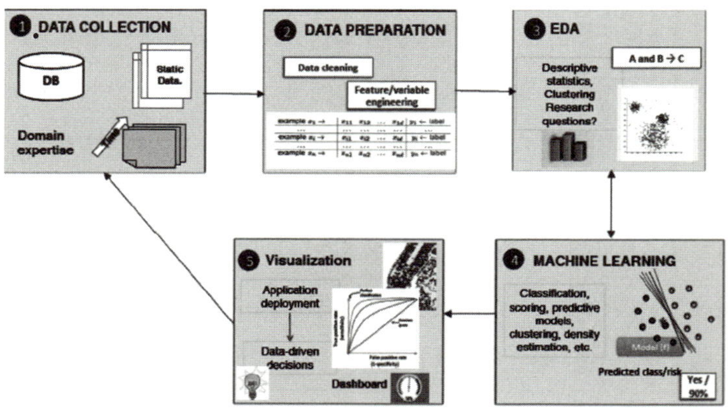

그러나 전통적인 지식발견 기법의 통계 지식들은 서구 학자들이 오랫동안 발전시켜온 지식들을 기반으로, 변수간의 상관관계를 발견하거나, 성과변수에 영향을 미치는 주요 속성들을 선별해 주는 등 많은 기여를 하였다. 특히 통계 지식은 데이터 분석 작업에 항상 기초가 되는 지식이고, 기계학습을 근간으로 하는 기법들의 이론적 근거가 되며, 이들 기법을 통해 도출되는 정보를 평가하고 해석하기 위해서는 반드시 필요하다.

따라서 두 가지 지식발견 기법은 분류를 그렇게 하지만, 발견적 접근방법은 확정적 분석 방법인 통계 지식의 새로운 확장 모드임을 알아두는 것이 중요하다.

2

부분으로 판단한 전체가 과연 맞을까?

생각하는 코너

COVID-19 진단 키트의 불확실성을 평가하라!

코로나 바이러스를 진단하는 PCR 검사 키트로 국내산이 뛰어난 것으로 보고 되고 있다. 하지만 아무리 띄어난 진단키트라고 하더라도 오류를 면할 수는 없는 노릇이다. 우리는 한 회사가 최근 만들었다는 진단 키트를 평가하고자 한다.

진단키트는 두 가지 요소로 평가를 한다. 하나는 민감도(sensitivity)이고, 다른 하나는 특이도(specificity)라고 한다. 민감도는 감염자를 찾아내는 정확도를 말하는 것으로, 있다는 것을 있다고 판단하는 정도이다. 반면 특이도는 비감염자를 찾아내는 정확도를 말하는데, 없다는 것을 없다고 판단하는 정도를 말한다. 이 회사에서는 민감도와 특이도가 모두 99.99%라고 한다.

현재 감염률이 2%라고 하고, 10,000명을 검진하였다고 한다.

이 회사의 진단 키트의 불확실성을 평가해 보자.

알아둘 것은 감염된 사람은 양성 반응이 나오며(민감도로 판단), 감염되지 않은 사람은 음성 반응이 나오게 된다(특이도로 판단). 감염된 사람을 양성으로 판단하는 것은 올바른 판단이지만, 음성으로 판단하면 오류를 범하는 것이다. 또 감염되지 않은 사람을 음성으로 판단하는 것은 올바른 것이며, 감염되지 않은 사람을 양성으로 판단하는 것도 오류를 범하는 것이다.

그림으로 표현하면 다음과 같다. 감염자를 음성으로 판단하는 것도 문제이지만, 건강한 사람을 양성으로 판단하는 위양성(false positive) 판단이 더 큰 오류이기 때문에, 위양성 판단이 얼마나 되는지를 평가하여 진단 키트의 불확실성을 알아보고자 하는 것이다(위니버스(Weniverse) 참조).

	감염자(민감도)	건강체(특이도)
양성 판정	TRUE POSITIVE(진양성)	FALSE POSITIVE(위양성) TYPE I ERROR(제1종 오류)
음성 판정	FALSE NEGATIVE(위음성) TYPE II ERROR(제2종 오류)	TRUE NEGATIVE(진음성)

서구사회에서는 통계를 통하여 전체 모습을 이해하려고 많은 노력을 하였다. 그것은 우리도 마찬가지이다. 전체 그림을 안다면, 우리는 더 쉽고, 올바르게 판단하여 결정할 수 있으니 말이다.

구름에 가려 알 수 없는 그 너머의 전체를 알아보려 하니, 어디 그것이 쉬운 일이겠는가? 그럼에도 불구하고 통계는 그 너머의 사실을 알아내려고 노력해왔다. 통계에서는 이러한 노력을 추정(estimation)이라고 한다.

그런데, 그렇게 추정한 것이 정말 맞는 것일까? 꼭 맞는다고 하지 않더라도, 어느 정도의 오류를 감수하고서라도 어떤 결정을 내릴 수 있을까?

통계는 가설검정(hypothesis test)이라는 과정을 통해서 판단한다. 아마도 나이팅게일은 지저분한 병원의 청결상태가 병사들을 죽음으로 몰고 있다고 먼저 마음먹었던 것 같다.

이렇게 최종 결정이 나오기 전, 내가 먼저 마음먹은 내용이 있다고 하고,

그것을 간결하게 핵심만 정리하기로 하자. 통계는 사실 복잡한 것을 싫어한다.

설문조사의 질문도 간결하게 한 번에 한 가지만 물어야 한다. 내가 먼저 마음먹은 것도 간결하게 한 가지만 정리해야 한다. 통계는 그것을 가설(hypothesis)이라고 한다. 내가 마음먹고 있던 가설이 맞는지 아니면 틀렸는지를 알아보려고 한다.

내가 마음먹고 있는 가설(대립 가설: alternative hypothesis)과 상반되는 보수 입장의 가설을 귀무가설(null hypothesis)로 정하고, 귀무가설에 대한 판단으로 나의 가설을 입증해 나가는 것이 가설검정(hypothesis testing)이다.

먼저 알아두어야 할 통계 용어들이 있다. 우리가 알아내고자 하는 모집단의 특성치, 특히 중심 자리에 있다고 보는 모집단의 평균과 그 평균에서의 오차인 모집단의 분산 등을 모수(parameter)라고 한다.

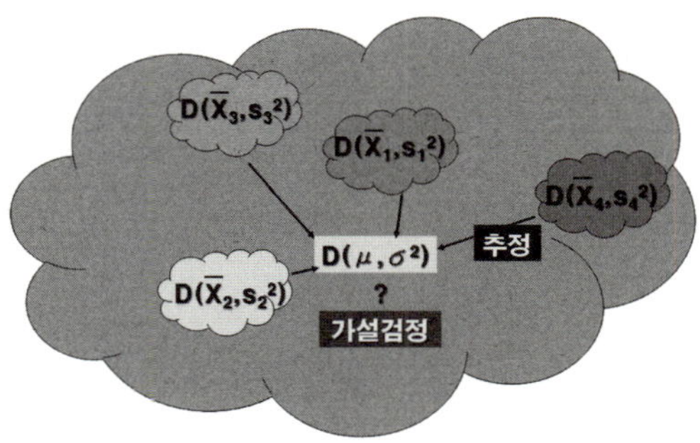

반면, 그 모수는 특성만 알고 있으며, 구체적인 값은 알 수 없다. 그래서 여러 표본들에서 찾아낸 표본 평균들, 또는 분산들의 분포를 통해서 모수의 구체적인 값들을 알아보고자 한다. 이때 사용하는 표본 평균과 표본 분산 등 표본의 특성치를 통계량(statistic)이라고 한다.

모수의 구체적인 값을 통계량의 분포를 통해서 찾아가는 것을 추정(estimation)이라고 하고, 특정한 표본의 통계량으로 모수를 검정하게 된다. 이때 사용하는 특정한 표본의 통계량을 검정 통계량(test statistic)이라고 한다. 그리고 마음속에 품은 모수를 검정 통계량으로 검정(testing)하는 것을 가설검정이라고 한다.

통계는 기존의 입장을 유지하면서 매우 깐깐하게(이것을 보수적이라고 해야 할까?) 새로운 주장을 검정하게 된다. 이러한 이유는 판단의 오류를 최소화하기 위함이다. 그래서 내가 마음먹은 생각과 상반되는 입장을 귀무가설로 정하고, 다음의 그림과 같이 귀무가설이 맞을 것이라는 가정하여 검정한다.

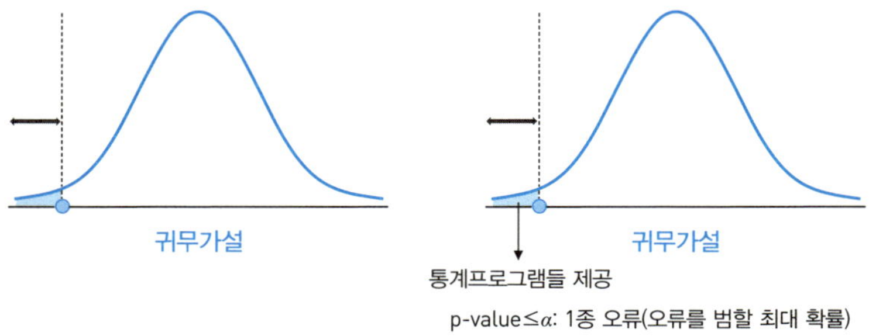

귀무가설은 특정한 모수에 대한 판단인 것이다.

보통 사람들은 분포의 중심에 초점을 맞춘다. 모집단의 평균은 이렇게 될 것이라고 먼저 가정하는데, 이것이 귀무가설이다. 또 오차에 대한 것이라면 분산을 내세울 것이고, 두 집단이라면 두 집단이 같다고 가정하는 것이고, 세 집단이라면 세 집단이 같을 것이라고 가정하는 것 등이 귀무가설이 된다.

우리는 다르다고 판단하고 싶을 것이니까! 우리가 다르다고 판단하고 싶은 가설을 대립 또는 연구가설(alternative hypothesis)로 대안의 가설이 된다.

특히 모수(모집단의 평균이나 분산 등)에 대한 분포를 먼저 알아야 한다. 그래야 빈도와 관련된 확률을 알 수 있기 때문이다. 그 분포를 찾을 수 있는 key가 바로 중심극한정리라고 했다. 표본의 크기(n)가 120 이상이면 중심극한정리를 통해 모수의 분포, 다른 말로 귀무가설의 분포는 정상분포(Normal Distribution)가 된다. 그래서 설문도, 조사하는 표본도 정상분포가 되도록 데이터를 수집해야 한다. 만약 그렇지 않으면 다른 분포를 적용해야 하니까!

그런데 판단의 기준을 우선 정해야 한다. 가능한 한 판단 오류를 최소화할 수 있도록 판단 기준을 정하는 경향이 있다. 보통 판단 오류 확률의 최댓값을 5%로 정해서 판단한다. 그리고 최대의 오류 확률 값을 제1종 오류라고 하며, 통계적으로 유의미한 판단을 한다는 입장에서 유의 수준(level of significance)이라고도 한다.

앞의 그림은 귀무가설이 맞다는 가정에서 나타난 분포인데, 파란색의 부분은 귀무가설이 맞음에도 불구하고, 귀무가설이 틀렸다고 판단하려는 부분이다.

당연히 오류를 범하는 것이다. 이것은 귀무가설이 맞다는 전제에서 너무 멀리 떨어져 있는 확률이기 때문에, 우리는 귀무가설이 맞다고 판단하기에는 문제가 많다고 보는 것이다. 그래서 오류를 무릅쓰고 판단하는 것이다.

이를 제1종 오류라고 한다. 허용하는 확률 정도를 5% 정도만 인정해 주는 것이다. 이 확률을 넘어서면, 오류를 무릅쓰는 것이 더 위험하다고 판단하는 것이다. 그러므로 제1종 오류는 오류를 허용해 줄 수 있는 최대 허용확률을 말한다. 정밀한 자연 과학 판단에서는 그렇지만, 우리 사회 현상에서는 다양한 모습들이 있으니까, 오류 허용 폭을 더 용인해 줄 수도 있다. 한 10% 정도.

그러나 오류의 위험은 더 커지니까 조심해야 할 것이다.

표본을 통해 얻은 검정통계량이 갖는 확률을 유의확률 또는 (관찰된) p-value라고 한다. 이 확률은 각종 통계 프로그램들이 제공해 준다. 이 확률이 5% 미만이 되면 최대 허용 확률인 제1종 오류보다 작은 값이므로, 귀무가설을 기각하고, 내가 마음먹고 설정한 대립가설을 채택하게 된다.

우리는 검정통계량의 확률을 찾기 위해, 검정통계량의 종류에 따라, 다른 분포를 채택해야 한다. 앞에서 분포는 확률을 찾아주는 함수라고 하였다.

그래서 모수를 판단할 수 있는 검정통계량의 적절한 분포를 찾아야, 유의확률 또는 (관찰된) p-value를 구할 수 있는 것이다.

만약 모평균에 대한 검정의 경우, 모분산을 알고 있다면 다음 그림 중심에

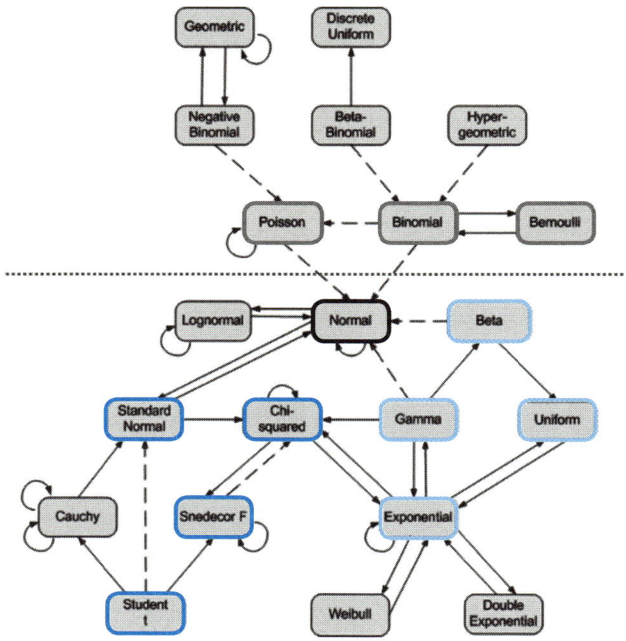

있는 검정색의 정상 분포(Normal Distribution)를 적용하여 확률을 구한다. 모분산을 모르는 상황에서, 검정통계량이 정상 분포에서 추출된 것도 아니고, 표본의 크기가 30 미만이면, 파랑색으로 되어 있는 분포 중 student t 분포를 적용하여 확률을 구한다. 그 외에는 모두 정상 분포를 적용하여 확률을 구해서 판단한다.

파랑색으로 정리한 분포들은 모평균이나 모분산을 검정하기 위해 적용되는 분포들이기 때문에 유의해서 알아둘 필요가 있다. 여기서는 더 복잡하게 설명하지 않겠지만, 표시되어 있는 분포들은 저마다 쓰임새를 가지고 있으며, 무엇보다도 이 분포들은 확률변수, 즉 발생할 사건에 대한 확률을 제시해 준다는 것을 항상 명심하여야 한다.

보통 우리는 집단을 비교할 때, 평균을 기준으로 비교한다. 그러나 집단의 안정성을 판단할 때에는 분산을 기준으로 비교한다는 것을 알아두기 바란다.

먼저 평균을 기준으로 두 집단을 비교하거나, 세 집단 이상을 비교할 때에도 마찬가지 방법이 적용되는데, 두 집단의 경우에는 t 분포를 활용하여 판단하는 경우가 많다.

세 집단 이상일 때는, 사실 두 집단씩 비교해야 하는데, 그렇게 되면 평가가 비효율적이기 때문에, 분산 간의 비교를 통해서 판단하게 된다. 분산 간의 비교에는 F 분포가 적용된다는 것은 알아두는 것이 좋다.

t 분포, chi-squared 분포와 F 분포가 모두 정상 분포에서 출발하여 만들어진 분포라는 것을 안다면, 정상 분포가 얼마나 중요한 분포인지를 실감할 수 있을 것이다.

COVID-19 진단 키트의 불확실성 평가 사례를 살펴보도록 하자. 이 사례는 위니버스(Weniverse)에서 제작한 내용을 참고한 것이다.

우리는 복잡한 의학지식을 동원하려고 하는 것이 아니라, 순전히 있는 데이터를 가지고 통계가 일러주는 대로 평가하는 것이다.

사례에서 제시한 그림을 다시 한번 살펴보도록 하자.

민감도(sensitivity)는 감염된 사람(감염자)을 감염되었다고 말해 주는 정도라고 하였고, 특이도(specificity)는 감염되지 않은 사람(비감염자)을 감염되지 않았다고 알려주는 정도라고 한 것을 상기하기 바란다.

그러면 그림에서 보듯이, 민감도의 경우, 감염자에게 양성(positive) 반응을 나타내는 것은 참이다. 반면, 감염자에 음성(negative) 반응이 나오는 것은 거짓(false)이 되고, 이를 위음성(false negative)이라 한다. 통계 용어로는 제2종 오류를 말한다. 한편 특이도 검사에서 건강한 사람에게 음성(negative) 판정 결과는 참이며, 만약 양성(positive) 판정이 나온다면 거짓(false)이 된다.

건강한 사람에게 확진 판정을 한 것은 분명 오류를 범하고 있는 것이다. 이것을 위양성(false positive)이라고 하는데, 통계 용어로는 제1종 오류를 말한다. 건강한 사람에게 확진 판정은 더 위험한 오류라고 하는 것이다.

	감염자(민감도)	건강체(특이도)
양성 판정	TRUE POSITIVE(진양성)	FALSE POSITIVE(위양성) TYPE I ERROR(제1종 오류)
음성 판정	FALSE NEGATIVE(위음성) TYPE II ERROR(제2종 오류)	TRUE NEGATIVE(진음성)

이러한 기본의 통계 지식을 참고로 하여, 진단 키트의 불확실성을 평가하도록 하자. 사례에서 현재 감염률이 2%이고, 10,000명에 대해 검진하였다. 진단 키트의 민감도는 99.99%이고 특이도 역시 99.99%로 알려져 있다.

이러한 정보를 토대로 우리는 다음과 같은 내용을 얻을 수 있다. 감염률이 2%이므로 현재 감염자는 200명, 건강체는 9,800명이다. 그리고 진단 키트의 민감도와 특이도가 99.99%이기 때문에, 다음과 같이 정리할 수 있다.

	감염자(민감도): 200	건강체(특이도): 9,800
양성반응	198(참)	98(위양성)
음성반응	2(위음성)	9,702(참)

이 자료를 토대로 우리는 두 가지 새로운 자료를 정리할 수 있다. 하나는 위발견율(false discovery rate: FDR)이고, 다른 하나는 정확도(Accuracy: ACC)이다.

진단 키트의 오류를 평가하기 위해, 앞에서 언급했던 조건부 확률을 적용해 보자. 오류 평가의 중요한 지표 중 하나는 검사에서 양성이 나왔지만, 실제로는 감염되지 않은 사람의 비율인데, 이것이 위발견율(false discovery rate: FDR)이다. 그리고 정확도(Accuracy: ACC)는 전체 검사 중에서, 진단키트가 제대로 된 판정을 내린 비율을 말한다.

앞의 표에서 위발견율(false discovery rate: FDR)은 33%가 된다. 처음 접하는 경우, 이 수치에 깜짝 놀랄 수 있다. 진단 키트가 높은 민감도와 높은 특이도를 가지고 있지만, 양성으로 판단하는 문제에서는 오류가 클 수 있음을 말해 주고 있는 것이다.

$$\frac{98}{198+98}=33\%$$

정확도(Accuracy: ACC)는 99%이다.

$$\frac{198+9,702}{10,000}=99\%$$

정확도(ACC)는 99%로, 검사한 사람 100명 중에서 99명은 제대로 판정을 하고 있지만, 위발견율(FDR)은 양성이 나온 3명 중 1명은 실제로 감염이 되지 않았다는 것을 의미한다.

통계는 매우 깐깐하게 판정을 내리려는 입장을 취한다. 이는 건강체를 양성으로 판정하는 제1종 오류를 최소화하려는 입장이다. 따라서 양성 판정에서는 위발견율(false discovery rate: FDR)을 고려하여, 전문 의료진들의 추가적인 검진을 비롯한 더욱 세심한 평가를 해야 할 불확실성이 있으므로 매우 유의할 필요가 있음을 보여주고 있다.

3

기업의 고민, 데이터 분석 경쟁력을 높여야!

생각하는 코너

콜택시 40대를 운영하고 있는 젊은 CEO 판단은 옳은 것인가?

최신 GPS로 무장한 콜택시 40대를 운영하고 있는 40대 중반의 젊은 CEO는 오늘도 과학적인 경영을 실천하기 위해 노력하고 있다. 특히 그는 2년 전 마른 수건도 짠다는 토요타 경영 정신에 감명받아, 지속적인 비용 절감과 함께, 경영 효율을 추구하기 위한 노력을 기울이고 있다.

젊은 CEO는 지난 3개월간 택시 운영과 관련된 데이터 분석하였고 운영 실태를 검토하였다. 작업에 투입되고 있는 택시와 콜을 받지 않고 쉬고 있는 택시 수를 10분 간격으로 기록하여 검토하였으며, 작업률이 70% 정도로 유지되고 있음을 발견하게 되었다. 고민을 하던 CEO는 지금 상황에 대해 새로운 돌파구 마련이 필요하다고 판단하였다. 그는 토요타 경영의 가르침을 다시 끄집어내어, 비용절감을 위한 과감한 결단을 내렸다.

그는 작업에 투입되지 않고 있는 30%의 택시를 처분한 것이다. 그는 이를 통해 운영비를 감소하고, 그에 따른 수익 증가를 기대하였다.

젊은 CEO의 결단은 이후 어떻게 되었을까?

콜택시를 운영하는 CEO의 결단에 대해서는 나중에 정리하기로 하고, 먼저 2020년, 삼정KPMG가 〈기업 운영 혁신을 위한 데이터 과학〉에서 발표한 내용을 살펴보기로 하자(기업 운영 혁신을 위한 데이터 과학: 기업 활용 방안, 삼정 Issue Monitor, 121, 2020. 3, 삼정KPMG).

저자는 그 내용을 일부 인용하면서 데이터 분석에 대한 내용을 전하고자 한다. 먼저 삼정KPMG는 다음의 그림을 제시하면서 기업의 데이터 역량에 대해 말해 주고 있다.

삼정KPMG는 나름대로 잘 정리된 방안을 제시하고 있다. 그런데 세부적인 내용은 통계학의 우물로 들어가 버렸다. 물론 잘못되었다고 말하는 것은 아니다. 그럴 수밖에 없다고 생각한다.

그래서 저자는 앞에서 언급해 왔던 내용들을 정리하면서 기업들의 많은 고민들을 같이 다시 생각해 보기로 했다.

(1) 어떤 데이터를 분석해야 하는지 모른다

앞에서 통계는 데이터 수집에서 시작한다고 하였다. 그런데 문제는 어떤 데이터를 수집하고, 분석해야 하는지를 모른다는 것이다.

과연 이 문제가 기업에게만 국한된 일일까?

책의 서두에 지적하였듯이, 이 문제는 우리 모두가 똑같은 고민을 가지고 있는 것이다. 즉, 기업만의 문제가 아니라는 것이다.

오히려 삼정KPMG도 똑같은 고민을 하고 있을지도 모르겠다. 사례에 나와 있는 40대의 CEO도 어쩌면 어떤 데이터를 분석해야 하는지를 모르고 있는 것으로 판단된다.

저자가 책 전체를 걸쳐 일관되게 언급하고 있는 것이 있다.

데이터를 안다는 것은 우리가 고민하고 있는 사건과 사건의 발생 빈도를 알고자 하는 것이라고 하였다.

수집하고, 분석할 데이터가 무엇인지를 알기 전에, 우리가 무엇을 고민하고 있는지를 알아야 한다. 조금 더 구체적으로 어떤 사건을, 어떤 일을 고민하고 있는지를 먼저 이해해야 한다.

현재 무슨 사건이나 일이 가장 문제이며, 고민거리인가?

해결해야 할 문제의 사건은 무엇인가?

나이팅게일의 고민은 야전병원에서 죽어나가던 많은 병사들이었다.

24시간 병원을 운영하는 젊은 의사의 고민은 자신의 건강이었다.

헹켈의 고민은 쌍둥이 칼의 매출이 계속 낮아진다는 것이었다.

Santam의 고민은 보험금 처리시간이 지체되고 고객들의 불만이 높아간다는 것이었다.

새롭게 자동차 시장에 뛰어든 GM의 고민은 난공불락 같은 자동차 시장에 진입하는 것이었다.

여러분의 고민은 무엇인가?

사례의 젊은 CEO가 놓치고 있었던 문제는 무엇일까? 주어진 문제에 대한 사건의 상황을 바르게 보지 못하면 엉뚱한 결론에 도달하게 되고, 문제 해결을 엉망으로 만들어 버린다. 그래서 해결해야 할 문제가 무엇인가를 제대로 이해하는 것이 중요하다.

데이터나 통계를 생각하기 전에 여러분의 고민을 정리하는 것이 우선이다.

문제가 바로 해결해야 할 사건이자 일인 것이다.

해결해야 할 일 또는 사건(사건으로 통일하자)을 차근하게 정리하는 일이 첫 번째이다.

그러고 난 다음, 해야 할 일은 그 사건의 내용을 들여다보는 것이다.

나이팅게일처럼 병사들의 죽음을 초래하게 된 원인을 class로 분류해 보는 것이다.

젊은 의사처럼 휴식 시간을 찾는 일을 위해 시간별 class로 분류해 보는 것이다.

헹켈처럼 칼의 속성을 class로 분류해 보는 것이다.

Santam처럼 보험처리 소요 시간별 class로 분류해 보는 것이다.

GM처럼 시장(시장을 구성하는 고객)별 class로 분류해 보는 것이다.

해결해야 할 핵심의 사건 하나에 대해서 고민해야 한다.

여러분들은 전체를 놓고 생각하지 말고, 해당 사건을 일으킨 원인이 있으면 원인별로 분류해 보거나 사건의 핵심 특성별로 class를 분류해서 정리해 보는 것이다. 물론, 하나의 특성으로 구성된 사건이라면 굳이 그렇게 할 필요도 없다.

이러한 방법은 최고경영층부터 현장 사원에 이르기까지 누구나 다 할 수 있는 일이면서, 가장 중요한 사건 처리의 핵심이라고 말할 수 있다.

일단 class로 분류하고 나면, 그 class별로 데이터를 수집하는 것이다. 데이터 수집이라고 복잡한 것이 아니다.

해당 사건의 class들이 발생하고 있는 빈도를 알아보는 것이다. 여러분들에게 빈도는 통계의 첫 번째 핵심이라고 하였다. 세상에 나와 있는 거의 모든 통계값들은 빈도라고 생각하면 된다. 또는 빈도들의 대표가 되는 값들을 여러분들에게 보여주고 있다.

여러분들은 빈도의 대표가 되는 것보다, 먼저 그 사건 class별 빈도를 조사하고, 찾는 일이 먼저 이루어져야 한다.

그러고 난 다음 나이팅게일이 했던 것처럼 따라서 해 보기 바란다.

시각화를 해 보라는 것이다. 예쁜 그래프보다는 그 데이터를 확연하게 알 수 있는 그래프를 사용하면 된다.

먼저 빠진 class가 없는지? 어떤 class의 빈도가 많은지?

만약 사건을 측정해야 하는 것이라면, 측정 데이터를 그대로 사용하면 된다.

그 측정 데이터들의 빈도들은 어떤 분포 혹은 어떤 추세를 하고 있는지를 알아보는 것이다. 이 경우에는 데이터 위치에 따른 빈도 정보를 확인하는 것이다.

데이터 위치에 따른 빈도 정보로는 상자-수염 그래프(box-whisper plot)도 괜찮지만, 이마저 복잡하면, 빈도의 분포표를 작성하는 것도 좋다.

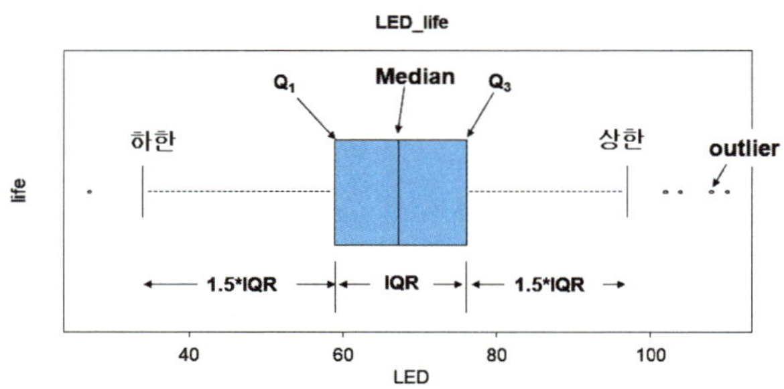

중심으로 모여 있는지? 어떤 위치의 빈도가 많은지? 혹시 설정한 상한과 하한의 범위를 벗어나는 이상치(outlier)들이 있는지? 기울어져 있다면, 어디로 어떻게 기울어져 있는지? 등의 내용들로 수집한 데이터를 살펴보면서, 사건의 원인과 특성을 다시 조정해도 된다.

이러한 과정들이 통계 용어로 데이터 탐색(EDA)이라고 하는 영역이다. 굳이 이 용어를 몰라도 데이터를 이리저리 살펴보는 것이 데이터 탐색이라고 보면 된다.

그렇게 해서 데이터의 특성이 무엇인지, 어떤 구조로 이루어졌는지, 측정

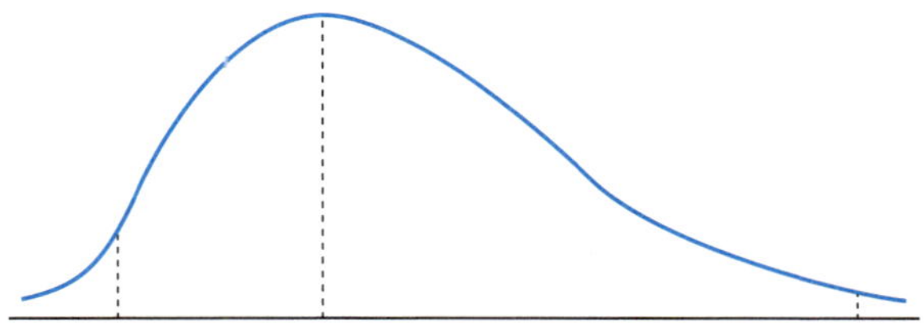

한 변수는 무엇을 의미하는지, 데이터가 어떻게 생성되었는지를 파악하여, 데이터 탐색을 통해, 사건을 직관적으로 이해하는 것도 중요하다.

그렇게 해야 해결해야 할 사건을 있는 그대로 보게 되며, 찾고자 하는 또 다른 데이터들이 눈에 보이기 시작한다. 그것이 무엇이든!

물론 기업에는 자신들의 경영 활동 과정에서 감당할 수 없을 정도의 무수한 데이터들이 발생할 것이다. 그럴 수밖에 없을 것이다. 아니 그래야만 한다.

그럼에도 불구하고 정작 필요한 사건의 데이터를 가지고 있지 않을 수도 있다. 그렇다면, 모든 부서에서 각 부서들이 필요한 모든 데이터를 수집하여 집적해야 한다. 그것은 각 부서의 구성원들이 가장 잘 알고 있을 것이다.

그런데 알아둘 것은 데이터를 수집한다는 것은 어려운 일은 아니지만, 지루한 일이다. 요즘에는 각 생산 공정에서 센서(sensor)들에 의해 수집될 수도 있어서 보다 수월하게 수집이 가능할 수도 있다.

이러한 가운데, 관리자가 해야 할 일 중의 핵심은 기업 조직이든 개인이든 데이터의 중요성을 강조하고, 각 부서들이 필요한 데이터를 꾸준히 수집하여, 체계적으로 집적해야 한다. 특히 디지털 사회에서는 모든 데이터들이 디지털화하여 데이터베이스화 되어야 한다.

삼정KPMG는 재미있고 유용한 그림을 함께 제시하였다.

데이터 분석을 기술 븐야, 진단 분야, 예측 분야와 처방 분야로 구분하여 체계화하였다. 기술 및 진단 부분은 시점으로 과거와 현재의 데이터 분석에 연계되어 있고, 예측 및 처방 부분은 미래 시점의 데이터 분석과 연계되어 있다.

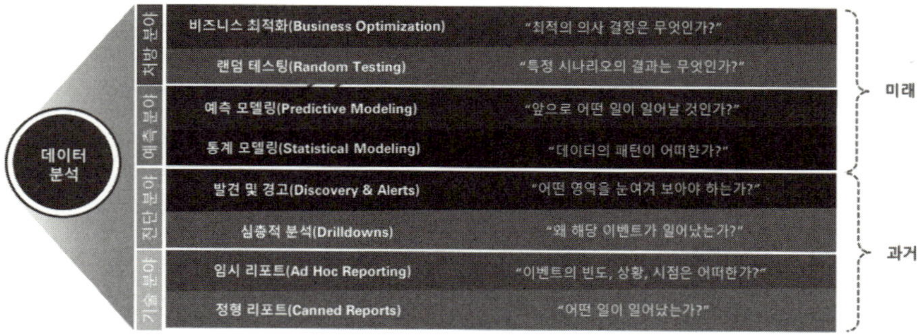

어떤 일이 일어났는가에서 출발하고 있는데, 좋은 지적이다.

앞에서 이미 언급한 것처럼, 나타난 사건에 집중하는 것이다.

기업은, 기업이 아니라 일반 조직이라도, 아니 개인이라도 좋다, 기업에서 가장 중요한 일, 또는 사건이 무엇인지, 그리고 어떤 사건(event)을 고민하고 있는지를 먼저 이해해야 한다는 것을 다시 한번 강조한다.

그리고 그 사건(event)들이 어떤 빈도로 발생하고 있는지를 알아야 하고, 그 빈도들이 어떤 분포 혹은 어떤 추세를 하고 있는지를 알아봐야 한다. 그러면 그 사건의 변화와 함께, 유의해야 할 모습이 보이게 된다.

통계는 어려운 것이 아니다. 가장 중요하면서도, 고민하는 사건과 사건의 발생 빈도를 찾아보는 것으로부터 시작되어야 한다. 그렇게 된다면, 조직에서 나타나는 데이터는 모두 소중해질 것이다. 필요에 의해서 만들어진 것들이니까!

젊은 CEO에게 일어난 일은 도대체 무엇일까? 어떤 일이 일어나고 있는지를 더 깊이 고민해야 한다.

물론 데이터를 수집하는 자세는 매우 훌륭하다. 작업률이 70%라는 것을 찾아낸 것은 매우 훌륭한 일이다. 문제는 일어난 문제의 핵심을 제대로 보지 못한 것에 있는 것이다. 젊은 CEO의 고민은 작업률이 왜 70%인가에만 초점이 맞춰져 있었다.

(2) 수집된 데이터의 분석 방법을 모른다

무엇이 문제인지를 정확하게 인식하게 되면, 그로부터 해결방법은 따라오게 된다. 그럼에도 불구하고 수집된 데이터의 분석 방법을 모른다?

결론으로 조언하자면, 기업 부서 내에 가장 관련성 있고, 적합한 부서 팀을 정한 후, 팀 전체로 자기 계발하도록 독려하여 간단한 데이터 처리 지식 및 기술을 습득하게 하고 처리하는 방향으로 팀을 정제하는 것이 좋다. 이후 팀에서 해결하기 어렵고, 복잡하여 처리가 힘든 과제들은 외부 전문가 그룹에게 맡기는 쪽이 비용 절감과 업무 처리에도 더 우수할 수 있다.

조직 내부의 팀 구성원의 자기 계발에서 가장 중요한 것은, 데이터의 분석 방법을 모른다는 것은 통계에 대한 무지가 빚어내는 문제가 아니다. 바른 문제 인식과 해결하고자 하는 방향이 문제이며, 그런 문제들을 해결할 수 있는 간단한 데이터 수집, 분석, 처리 기술과 지식들을 습득하도록 지원하는 것이 중요하다.

지금은 데이터로부터 정제된 정보와 지식 습득이 중요하다. 충분하게 정제되지 않더라도 개략적인 정보의 방향을 이해할 정도면 충분하고, 그 이후 조직 전체에서 문제 해결을 위해 같이 노력해야 한다.

문제 인식이 바르게 되었고, 방향이 정해져 있다면, 여러분은 저자가 제시한 통계의 핵심, 세 가지에서 출발하면 된다.

통계의 핵심은 빈도, 오차, 관계라고 하였다.

여러분들은 무엇을 알고 싶은 것인가?

우선 일반적으로 사건의 빈도만 알아도 문제 해결은 50% 이상 이루어진다고 말할 수 있다. 그 다음은 사건이 만들어 내는 오차에 집중한다면, 더 정밀한 내용을 파악할 수 있을 것이다. 이 경우는 문제 해결의 나머지 부분 중 30% 정도를 차지할 것으로 판단된다. 그리고 사건들이 만드는 관계는 20% 정도를 차지하는 문제들이라고 할 수 있다.

그러면, 빈도, 오차, 관계 핵심으로 나누어서 살펴보도록 하자.

1) 빈도 관련 데이터 수집과 분석

삼정KPMG는 특히 과거와 현재의 데이터 분석에 연계되어 있는 기술 및 진단 부분에서 이렇게 전하고 있다.

어떤 일이 일어났는가?

발생한 사건의 빈도는? 상황은? 시점은?

왜 그 사건이 일어났는가?

사건의 어느 부분을 눈여겨봐야 하는가?

좋은 질문은 좋은 아이디어를 발견하게 해 준다. 마구 던지는 질문이 아니라, 문제를 해결하기 위한 질문이어야 한다. 그런 측면에서 삼정KPMG의 이러한 질문은 매우 유용한 좋은 질문이다.

발생한 사건, 또는 일에 대한 문제를 바르게 인식하는 것이다.

발생한 사건에 대한 문제 인식이 이루어지면, 사건을 나누는 일을 해야 한다. 그 사건을 구성하는 항목은 무엇인지, 또는 그 사건을 일으킨 원인들은 어떤 사항들이 있는지를 정리해서, 사건을 class로 분류하는 일이다.

앞에서 여러분에게 전한 내용으로, 나이팅게일처럼 병사들의 죽음을 초래하게 된 원인을 class로 분류한 것, 젊은 의사처럼 휴식 시간을 찾는 일을 위해 시간별 class로 분류한 것, 헹켈처럼 칼의 속성을 class로 분류한 것, Santam처럼 보험처리 소요 시간별 class로 분류한 것, GM처럼 시장(시장을 구성하는 고객)별 class로 분류한 것이 간단하게 보이는 것일까?

나이팅게일이 아닌 다른 사람들은 무엇을 하고 있었을까?

젊은 의사는 몸이 아파 보이면서도, 왜 해결책을 찾지 못하고 있었을까?

헹켈은? Santam은 왜 쉽게 찾지 못하였을까?

GM의 고민을 Ford는 왜 몰랐을까?

그러면 젊은 CEO의 문제 인식은 바른 것일까?

그래서 class별로 분류한다는 것은 일단 현장에서의 경험이 선행되어야 하는 일이다. 해당 영역에서 고민하면서 현장 경험을 한 사람이라면, 그 class가 어느 정도 보이게 된다. 그 class를 다듬어서, 역으로 발생한 사건들을 나누어서 잘 설명할 수 있는 class로 정리하면 된다. 누구나 하지 못하는 일이기도 하지만, 그렇다고 아주 어려운 일은 아니다. 풍부한 현장 경험과 문제 해결을 위한 노력이 있다면 누구나 찾을 수 있는 아이디어라고 말할 수 있다.

일단 사건들의 class가 분류되면, 그 class별로 해당 사건 빈도에 대한 데이터를 수집하여 조사한다. 데이터를 수집하는 일은 많은 노력과 시간이 든다. 실제로 데이터를 수집하고 분석하는 과정은 가장 많은 노력과 시간이 소요되는 단계이다. 조사지를 만들고 관련된 데이터를 수집하는 일은 매우 지루한 일일 수도 있지만, 제대로 해야지만 올바른 결론에 도달할 수 있는 단계이기 때문에, 처음부터 조사 디자인 등을 고려하여 세심하게 실행하는 것이 좋다.

class별로 데이터가 수집되면, 데이터를 탐색하는 단계에 들어간다. 탐색한다고 해서 아주 거창한 방법들이 동원되는 것이 아니다. 빈도가 어떻게 나타나고 있는지? 어떤 항목에서, 또 어떤 상황에서 발생하고 있는지? 발생하는 시점은 어떠한지?

이를 위해 나이팅게일이 수행했던 것처럼 수집된 데이터를 통하여, 시각화하는 것도 좋고, 앞에서 언급한 빈도 목록표(빈도 분포)를 작성하는 것도 좋다. 여러분들을 위해 몇 가지 분석 방법들을 서술해 두기로 한다.

① 나이팅게일 방식대로 도표나 그래프로 작성하는 시각화 작업을 해 본다.

② 데이터에 대한 위치 정보들을 파악해 본다. 데이터의 위치 정보라는 것은 최솟값과 최댓값, 그리고 4등분했을 때 각 위치의 데이터, 그리고 가

장 중요하다고 보는 중심 위치에 대한 정보들이다.

이미 언급하였지만, 위치 정보를 위해 상자-수염 그래프(box-whisper plot)를 고려하는 것도 좋다. 이 그래프(plot)는 이미 앞에서 언급한 바 있다. 최근에는 엑셀을 통해서, 또는 데이터 분석에서 시각화에 탁월한 R 언어를 사용하여도 쉽게 작성할 수 있다.

Big Data와 인공지능(AI)의 중요성이 커지면서, 데이터 분석 도구들 중에서 R 언어와 엑셀이 많은 인기를 누리고 있다. 2017-2019 Data Mining, Machine Learning에서 실제 사용 분석한 Software 설문 조사(KDnuggets)에서 각각 3위와 4위에 랭크되었다. 또 파이썬(python)의 지향 방향이 엑셀이라는 것도 알아두는 것이 좋겠다.

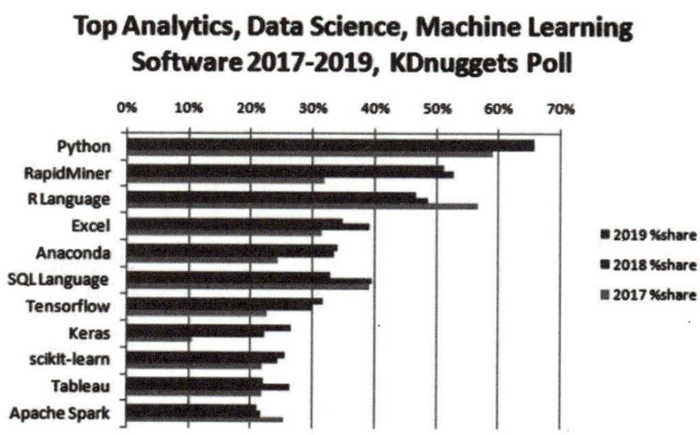

KDnuggets 2017-2019 설문 조사

R 언어는 사용이 어렵지 않다. 깊이 파고들면 어려울 수도 있지만, 그래도 시작은 어렵지 않으니 도전해 보기 바란다. 예시로 다음의 내용을 정리해 보았다.

boxplot(LED.stat$LEDlife, col="blue", border="black", xlab="LED", ylab="life", main="LED_life", horizontal=TRUE)

기존의 엑셀 파일을 R로 가져와서 LED.stat 파일을 생성시키고, 그 파일의 데이터 변수인 LEDlife의 데이터를 boxplot 그래프로 작성하라는 내용이다.

색은 파란색으로 하고, 경계색은 검은 색, 가로축에서는 LED 이름을, 세로축에는 life라는 이름을 넣도록 하였다. 그래프 제목은 LED_life로 하고, 그래프는 수평으로 작성하라는 내용이다. 그 결과는 다음과 같다. 나머지는 저자가 이해를 위해 삽입한 내용이다. 참고하기 바란다.

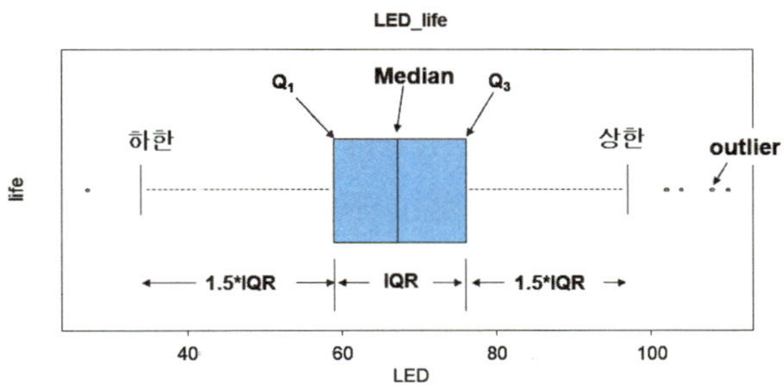

보다 구체적인 상자-수염 그래프는 다음과 같은 정보를 제공해 주기도 한다. 많은 정보를 제공해 주는 그래프이므로 데이터 전체를 일목요연하게 파악할 수 있다는 장점이 있다.

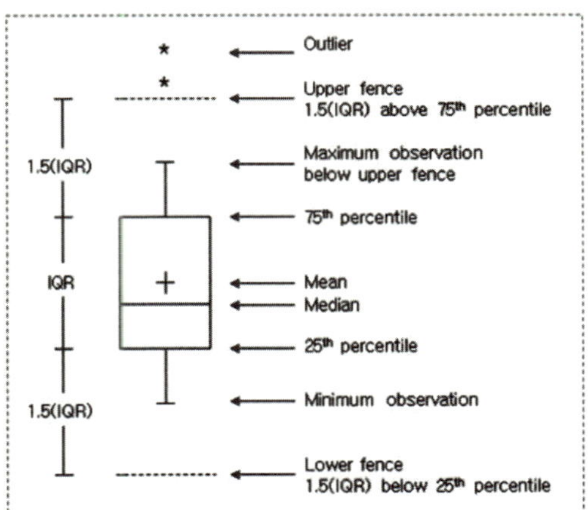

이러한 일은 관련 구성원과의 소통을 위해서도 그렇지만, 데이터를 일목요연하게 살펴보기 위함이다.

저자는 앞에서, Big Data와 인공지능(AI)의 중요성이 커짐에 따라, 데이터 분석 도구로 사용 빈도가 높아지고 있는 R 언어를 소개하였다.

몇 년 전만 하더라도, 사회과학 영역에서 통계 분석을 할 때, 주로 SPSS-WIN이나 SAS, Stata5를 사용하는 경우가 높았다.

그러나 SAS는 소프트웨어 비용이 처음부터 높은 경향이 있었기 때문에, 상대적으로 저렴했던 SPSSWIN의 경우 많이 선호되었다.

1995년에서 2016년까지의 학술 논문에서 사용하고 있었던 데이터 분석 소프트웨어 비중을 조사한 자료(Muenchen, R. A., The Popularity of Data Science Software, https://r4stats.com/articles/popularity/)에서 SPSS가 가장 높은 활용 빈도를 보이고 있으나, 2009년을 기점으로 급격하게 하락하고 있음을 알 수 있다. 그 다음 많이 사용하고 있었던 데이터 분석 도구인 SAS 역시 2010년을 기점으로 하락 경향을 보이고 있다. 대신에 2015년 이후, R 언어가 데이터 분석 도구로 등장하면서 계속 상승하고 있음을 알 수 있다.

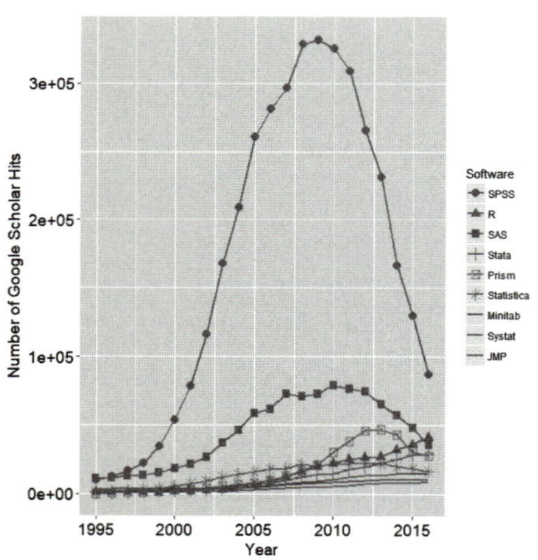

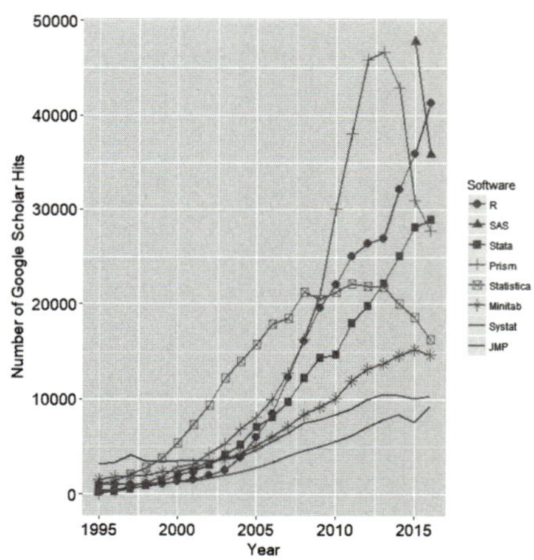

2015년 Rexer Analytics가 Data Scientist 대상 설문조사에서, 데이터마이닝 도구에 대한 설문조사를 보면 R이 다음으로 가장 인기 있는 패키지인 SPSS Statistics 및 SAS보다 2배 정도 앞서 있음을 알 수 있다.

SPSS의 경우, 기본적인 통계 지식이 있으면 처음 사용하기에는 유용하지만, 비용이 많이 든다는 점에서 사용 빈도가 점점 떨어지고 있는 상황이다. 물론 아직까지도 많이 사용하고 있는 분석 도구이기도 하다.

이에 비해, R은 통계 지식이 많이 요구되기는 하지만, 일단 사용하면 매력이 더 많은 분석 도구이다.

R 언어가 매력이 있는 언어라고 하는 것은, 활용 가능한 많은 함수(function)들과 예제 Dataset으로 이루어져 있는 강력한 패키지(Packages) 생태계가 있고, 다른 오픈 소스에 비해 훨씬 강력한 커뮤니티 파워가 있어 다양한 사용이 가능하기 때문이다. 일종의 통계 플랫폼이라고 생각하면 더 쉬울 것이다.

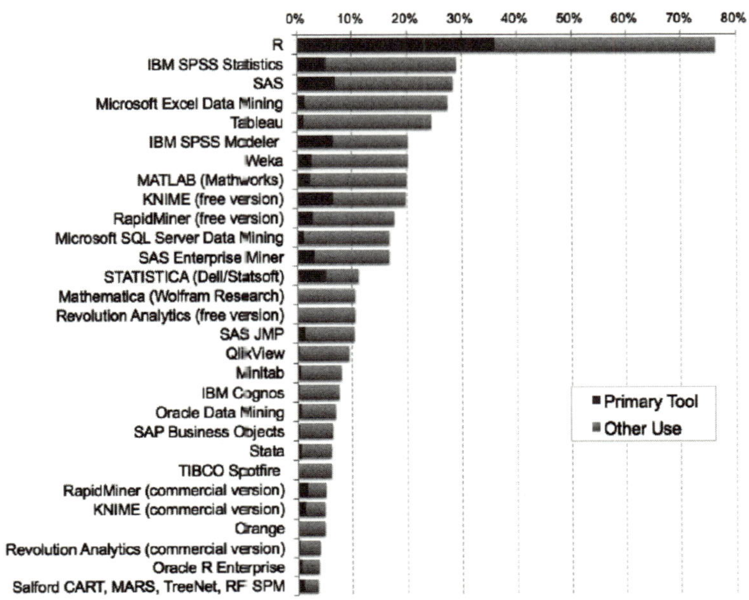

이들의 도움을 받아 다양한 라이브러리와 분석기법, 정형/비정형 데이터 조작이 용이하여 데이터마이닝 등 빅데이터 분석에 아주 적합한 언어로 등장하고 있는 것이다. 그리고 R 언어의 강력한 장점은 한두 줄의 간단한 명령어로 매우 중요한 시각화 기능을 제공해 주는 그래픽(Plotting) 기능이다.

R 프로그램은 RStudio를 설치하여 사용하면 더욱 편리해진다. RStudio는 통합개발환경(IDE)으로 GUI 지원, 프로젝트(일련의 프로그램 set) 관리 및 패키지 설치 관리와 환경 설정을 쉽게 해 준다.

저자의 입장에서는 가능하다면, SPSSWIN과 R을 같이 사용해 보는 것도 추천하고자 한다.

③ 데이터 빈도의 분포를 파악한다.

분포는 앞에서 언급했듯이 데이터 빈도가 나타나는 모습이다. 그래서 직관적으로 사건의 빈도를 알게 해 주는 분포를 파악하는 것은 중요하다. 물론 상자-수염 그래프도 일종의 분포 그래프이기는 하지만, 막대그래프나 다각형 그래프를 작성해 보는 것이다.

그래서 어디로 기울어져 있는지, 비교할 수 있다면 다른 사건과는 분포가 어떻게 다른지를 파악할 수 있다면 더욱 금상첨화로 데이터 탐색이 더 용이할 수 있다. 분포를 보는 이유는 중심 위치(평균이나 중앙값, 최빈값 등)를 기준으로 어느 정도로 흩어져 있는지를 직관적으로 파악하기 위함이다.

2) 오차 관련 데이터 수집과 분석

우리는 오차 데이터를 통해서 매우 중요한 단서들을 찾아낼 수 있다.

앞에서 오차(error)는 평균이라는 중심 위치를 기준으로 중심 위치를 벗어나는 것이라고 하였다.

워낙 평균을 사랑하다 보니, 평균을 벗어나는 것은 위험하다고 판단하였다. 평균을 기준으로 삼으면, 특정한 범위를 넘어서는 오차는 우리들에게 큰 관심을 끌 수밖에 없다.

우리는 이미 앞에서 오차는 피할 수가 없다고 하였다. 평균을 기준점으로 볼 때, 평균을 제외하고는 모두 오차에 해당하기 때문이다. 평균에서 벗어나 있는 오차 점까지의 거리를 측정한 것이 편차(deviation)이고, 편차의 분포 모습을 산포(dispersion)라 하였다. 편차를 표준화하여 표준편차(standard deviation), 그것을 제곱한 것을 분산(variation)이라 언급하였다.

사실 오차는 일상적으로 나타나는 현상이지만, 편차가 크다는 것은 그만큼 기준으로부터 벗어나는 현상이 크다는 것이고, 이는 변동성이 커진다는 것, 불안정성, 그리고 불확실성이 커지는 현상이기도 하다.

예측 모형이든, 관계 모형이든, 성과를 설명하는 변수들을 찾고자 하든 간에 다음 그림 같이 오차 꽁다리(오차 항목)가 붙은 모습을 만나게 된다.

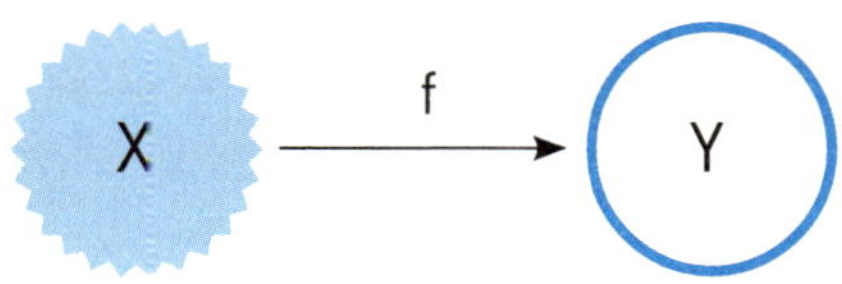

$$Y=f(X_1,\ X_2,\ \cdots,\ X_n)+\varepsilon$$

오차 항목이 붙어 있는 모형을 확률 모형, 없는 모형을 확정 모형이라고 한다. 확률 모형에서 오차 항목이 최소가 되는 모형을 찾고자 하는 것이 우리들이 찾고자 하는 모형이다. 오차를 최소화한다는 것은 오차의 합이 0이 되도록 하는 그런 모형을 찾는다는 것인데, 그러나 그것이 쉽지 않다.

앞에서 언급한 확정적 지식 발견 방법에서는 회귀모형이나 시계열 모형을 통해 분석할 수 있지만, 빅데이터에서 주로 수행하는 발견적 접근 방법에서는 데이터마이닝을 비롯한 기계학습 알고리즘을 통해 모형을 찾아낼 수도 있다.

오차를 벗어날 수 없다는 것은, 현실의 모든 영역에서 산포를 피할 수가 없다는 것이며, 이 산포로 인하여 제품 생산이나 서비스가 제공될 때에도, 정확하게 동일한 결과가 나타나지 않는다. 이처럼 모든 프로세스에서 산포가 나타나기 때문에 산포를 측정하고, 이해하여 관리하는 것이 매우 중요해진다. 그래서 앞에서 평균보다 산포 관리가 더 중요하다고 언급하기도 하였다.

산포의 측정치가 분산(variance)이며, 바로 오차, 불확실성, 위험을 측정하는 개념이 된다. 분산을 통하여 오차를 측정하고, 이해한다는 전제에서 다음의 몇 가지 분석들을 제시하고자 한다.

① 오차를 감지한다는 것은 이상치를 감지한다는 것이고, 이는 품질 관리를 비롯하여 카드 이상 거래 등을 파악하는데 사용된다. 이는 데이터의 공간과 시간 추이에 따른 오차 패턴을 통해서 파악하면 된다.

대개 시간 흐름에 따른 분포를 그래프로 작성하면 쉽게 알 수 있다. 상하한의 기준을 설정하여, 기준을 벗어나는 이상치를 감지하도록 하는 기계학습 알고리즘 등으로 파악할 수도 있다.

② 산포의 모습에서 정상적인 형태를 벗어나면, 먼저 하나의 평균 집단을 두 개 이상의 다른 평균 집단으로 분리하여 살펴볼 필요가 있다. 앞에서 언급하였지만, 하나의 집단으로 보지 말고, 집단을 나누어서 살펴봐야 한다.

③ 오차가 중시되는 곳은 예측이다.

가능한 한 예측은 정확하기를 원하지만, 그것은 참으로 어려운 일이다. 모든 프로세스에서 나타나는 오차를 최소화하기 위한 방법으로 최소제곱법을 사용한다. 이를 통해 추정 회귀모형을 설정하거나, 시계열 추세 모형을 설정하여,

예측을 시도하게 된다. 다소 어려울 수 있지만, 엑셀 등을 사용하면 오히려 쉽게 결과를 얻을 수도 있다. 복잡한 모형일수록 엑셀이나 R 언어 도움을 받으면, 더 쉽게 결과를 얻을 수 있다.

④ 두 집단의 분산 비교에서도 사용하지만, 실험분석에서 세 개 집단 이상을 비교 분석할 때에는 오차 측정치인 분산을 통해 분석하게 된다. 이 경우, 유명한 분산분석(analysis of variance: ANOVA)이라는 기법을 사용하여 세 개 이상의 집단에 대한 실험분석을 할 수 있다.

우리가 통상적으로 질(quality)을 말할 때, 그것이 제품의 품질이든, 서비스 품질이든, 특정 프로세스의 질을 말할 때, 오차는 설정한 기준 내에서 변동하는 수준을 말한다. 그 수준을 관리하면서, 특이점들이 발생하면 조치를 취해야 하며, 만약 지속성을 가지면, 집단을 분리하여 살펴봐야 한다.

이 경우에도 통계적인 접근도 중요하지만, 새로운 인식과 새로운 접근 방법으로 문제 해결을 시도하다 보면 의외의 새로운 아이디어들을 창출할 수 있는 기회도 얻을 수 있음을 잊지 말아야 할 것이다.

3) 관계 관련 데이터 수집과 분석

모든 관계 파악의 목적에는 올바른 예측과 결정을 이끌어 내려는 것이고, 통계가 바라는 목적이기도 하다.

이미 저자는 세상에 벌어지는 사건들이 단독적으로 나타나는 것이 아니고, 또 단독적으로 생겨났다 하더라도 그 이후 다른 사건들에 영향을 미치는 등, 한 사건이 다른 사건에 일방적이든 쌍방적이든 영향을 미치고 있다고 하였다. 그렇기 때문에, 이들 사건들의 관계를 이해하고, 서로 간의 변화에 깊은 관심을 갖는 것은 당연한 일이다.

관계 파악을 위해, 시간에 따른 사건의 추세 변화를 살펴보면서 더 많은 정보를 얻을 수도 있고, 유사한 또는 관련 있는 사건들의 빈도를 함께 비교 혹은 대비하여 올바른 예측과 결정에 도달할 수 있다. 보다 구체적으로 상호 연관 강도(상관)의 관계를 통해, 원인-결과(인과)의 관계를 통하여 많은 정보를 얻을 수 있다.

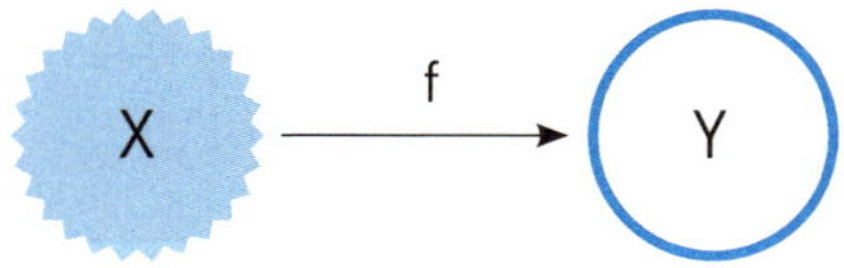

수많은 X의 사건(영향 변수)들이 Y의 사건(성과 변수)에 영향을 미치는 관계에서, 앞에서 우리는 ①과 같은 단순 비교 관계이거나 상관관계(correlation)의 모습이 있다고 하면서, ②와 같은 인과 관계(causality), ③과 같은 매개 관계(mediation)도 있고, ④와 같은 조절 관계(moderation)를 언급하였다.

①의 관계는 두 사건 간의 관계를 파악하는 것으로, 통계에서는 매우 중요하게 파악하고자 하는 관계이다. 두 사건 간의 연관 강도가 얼마나 되는지를 파악하는 기법으로 상관관계(correlation) 기법을 사용한다. 상관관계는 산점도 그래프로 살펴볼 수 있다.

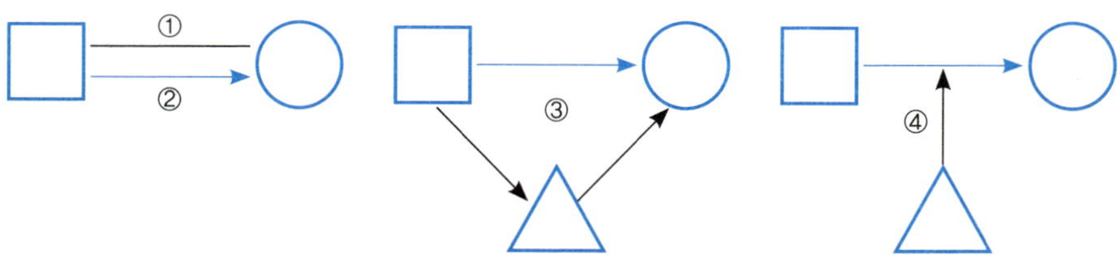

상관관계와 관련한 사례를 살펴보도록 하자. 동아 비즈니리뷰 338호의 내용에서 인용하였다. 2013년, 글로브스캔, 동아시아연구원과 사회적기업연구소가 공동으로 진행한 세계 주요 국가 CSR 인식조사인 RADAR2013 국제조사 결과를 산점도로 표시하였다. 산점도는 선을 제외한 점들(신뢰도 점)이다.

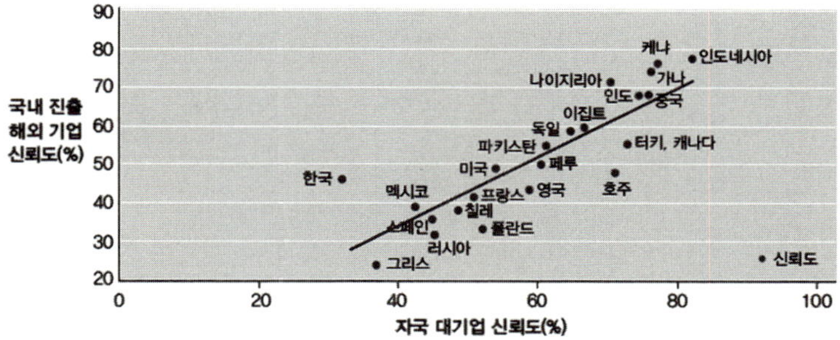

자기 나라의 대기업에 대한 정서(사건 1)와 해외에서 들어온 외국 기업에 대한 정서(사건 2)에 차이가 있는지를 살펴보는 내용인데, 자국 대기업 정서가 높은 나라에서 해외 외국기업에 대한 정서도 높은 것을 알 수 있다. 만약 자국 대기업에 대한 신뢰도는 과반을 넘지만 외국 기업에 대해서 불신에 위치한 점에 위치한 국가는 각별한 대책이 필요한 국가들이다.

한국은 다른 나라에 비해 특이한 모습을 하고 있다. 국내 대기업뿐 아니라 외국 기업에 대해서도 신뢰한다는 응답이 과반을 넘지 못했다. 특히 국내 대기업에 대한 신뢰도는 36%로 23개국 중 가장 낮았지만 한국에 진출한 외국 기업에 대한 신뢰도는 46%로 상대적으로 높았다. 이는 우리 대기업에 대한 수많은 폄훼들도 기여하고 있을 것으로 판단된다. 물론 대기업의 노력도 필요하지만, 대기업 활동을 선동적으로 과도하게 깎아 내려오던 일도 이제는 다시 생각해야 한다.

각국의 대기업 신뢰도와 경제발전 수준을 중심으로 유형화한 분석을 보면 더 재미있는 결과를 볼 수 있다. 다음의 산점도는 경제발전수준(2011년 기준 1인당 국민소득)을 기준으로 각국에서 대기업을 신뢰한다고 응답한 산점도이다.

선형의 상관성에 문제가 있다. 그래서 두 개의 집단으로 나누어 생각하면 더욱 선명하게 파악할 수 있다. 조사대상에 포함된 23개국 중 한국(1인당 국민소득 2만 달러 수준)을 기준으로 집단을 나누면 된다.

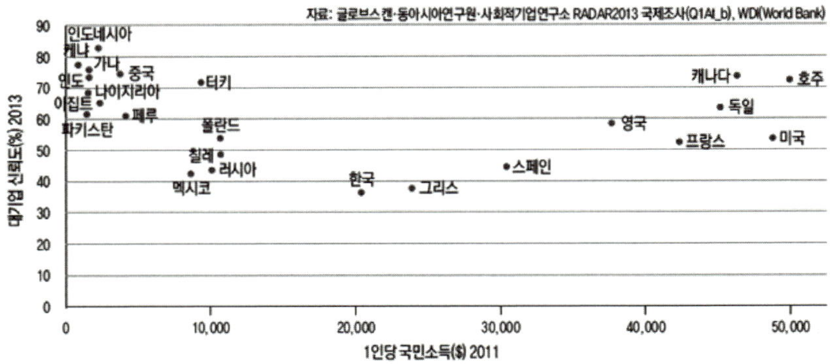

전체적으로 1인당 국민소득 2만 달러 이상의 선진 자본주의 국가군의 경우(집단 1), 국민소득 수준이 높은 나라일수록 대기업의 신뢰도가 높아지는 선형관계를 보여준다. 즉, 국가경제발전 수준과 대기업 신뢰도 간의 높은 상관관계가 확인된다. 개발도상단계의 신흥국들(집단 2) 역시 낮은 국민소득 수준에도 불구하고 선진국을 능가하는 대기업 신뢰도를 보여준다.

두 개의 산점도를 통해, 우리나라도 과거의 선동적인 대기업 폄훼가 아니라, 대기업에 대한 인식을 객관적인 입장에서 새롭게 할 필요가 있음을 더욱 느끼게 하는 대목이라 판단된다. 최근 세계는 중국 공산당 위기로 시작된 글로벌 공급망 문제로 난리도 아니었다. 이런 난리를 피하기 위해, 각 나라들은 자국의 제조업 인력을 극대화해 나가고 있는 상황이다. 이러한 상황에서 이제는 점점 유물이 되어가는 어설픈 정치적 선동(political correctness)에, 더 이상 현혹되어 나라의 미래를 망치는 일을 그만둬야 한다.

앞의 산점도에서 선은 모든 관찰점의 평균에 해당하는 선을 추정한 것이다. 이를 우리는 추정회귀선이라고 한다. 산점도에서 회귀모형의 추정회귀선을 찾아낼 수 있음을 의미하고, 이 회귀선을 통해 예측이나 설명을 더욱 확연하게 할 수 있음을 알 수 있다. 예외적인 한국을 제외하고.

만약 우리가 확보한 데이터가 없다면, 관계를 파악하고자 하는 사건이나 속성들을 제대로 설계하여 데이터를 수집하는 일이 선행되어야 한다. 2013년 글로브스캔, 동아시아연구원과 사회적기업연구소가 공동으로 이러한 데이터를 새롭게 조사하여 수집한 내용을 산점도로 표시한 것임을 알아야 한다.

데이터가 있거나, 빅데이터로 설정된 데이터가 있다면, correlation 기법으로 분석하면 된다. 상관관계가 양(+)의 관계이면, 우리는 재화에 대해 경제 용어로 사용하면 보완재, 음(-)의 관계이면 대체재의 의미를 갖는다. 그리고 상관관계는 -1에서 +1 사이의 값을 갖는데, 만약 상관관계가 0의 값을 갖는다면, 선형의 상관관계가 없다고 하고 독립재의 의미를 갖는다.

② 모형인 회귀관계의 다른 사례를 살펴보도록 하자.

다음 그림은 사람들이 교육을 받은 기간과 그들의 수입에 대한 자료이다. 두 사건 간의 산점도에 이어, 이 산점도를 가장 적합하게 설명할 수 있는 추정 회귀모형을 설정한 것이다. 이것을 보면, 교육 기간이 길어질수록 얻을 수 있는 수입이 증가한다는 사실을 간단하게 알 수 있다. 그러나 조금 더 살펴보면, 교육 기간이 13년을 지나게 되면 수입 증가가 확연히 다른 모습을 보여주고 있다는 사실을 확인하게 된다. 앞에서 여러 번 지적하였듯이, 집단을 나누어 보면 더욱

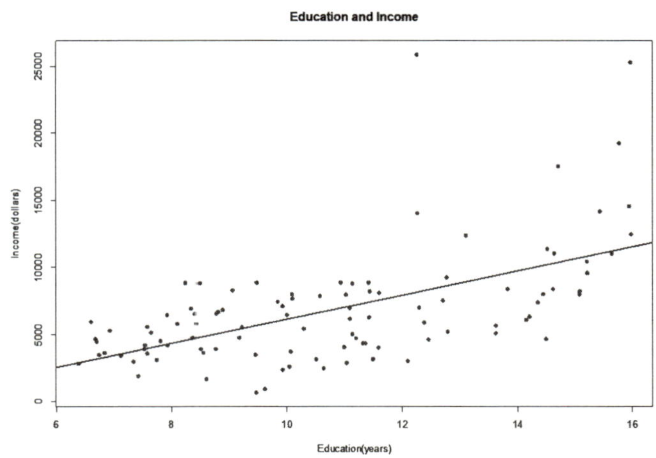

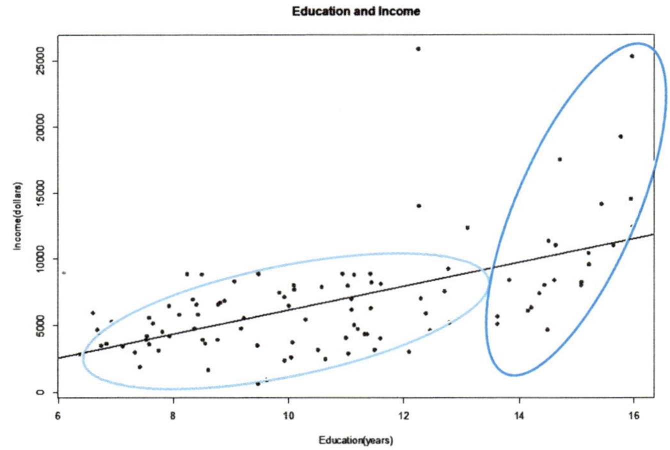

확연하게 이해할 수 있을 것이다. 그러면 더욱 사실에 근접한 정보를 획득할 수 있을 것이다.

상관관계, 나아가서 회귀관계를 통해, 성과변수 또는 종속변수에 영향을 미치는 새로운 변수들은 무엇인지? 어느 정도의 강도로 영향을 미치는지? 양의 영향인지 아니면 음의 영향인지? 통계적으로는 유의미한지? 등을 찾아내려는 것이다. 그렇게 해서 통계적으로 유의미한 영향변수 혹은 독립변수들을 찾아 우리의 삶 속에 활용하려고 한다.

성과변수에 영향을 미치는 많은 변수가 있는 경우, 단순하게 회귀모형만으로는 한계가 있고, 이 경우는 구조방정식 모형이 있다. 구조방정식 모형은 회귀모형과 요인분석이 함께 어우러져 있는 모형으로, 변수군(요인 또는 잠재 요인이라고 함)에 대한 검증을 하면서, 동시에 변수들의 인과관계도 검토할 수 있는 뛰어난 통계 모형이며, 많은 연구에 활용하고 있는 모형이다.

기술사업화에 영향을 미치는 사건들에 대한 연구 모형 일부를 구조방정식 모형으로 살펴보도록 하자. 다음의 모형은 기업의 인적 자원과 물적 자원이 지식 흡수역량(지식 탐색과 지식 활용)과 혁신역량을 통해 기술사업화에 이르는 전개

과정을 연구하는 모형이다. 실선은 통계적으로 유의미한 경로이다.

조직자원은 기술사업화라는 성과변수에 영향을 미칠 영향변수이며, 변수의 시작점에 있기에 독립변수이고, 외생변수라고 한다. 나머지 변수는 내생변수가 되며, 기술사업화 변수가 성과변수이자 다른 변수에 영향을 받는 영향변수 또는 종속변수가 된다.

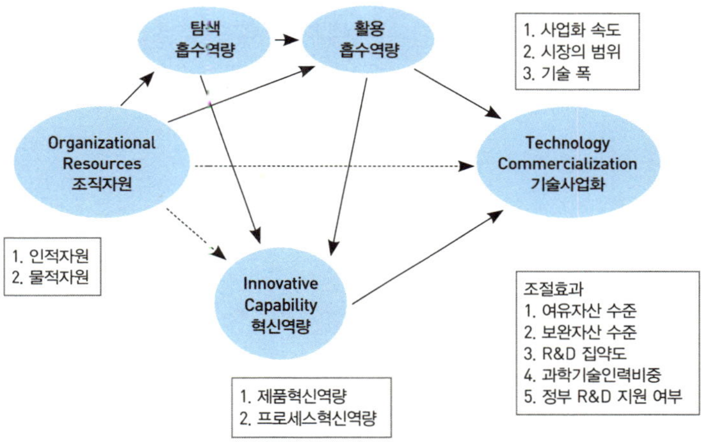

중간에 있는 변수들이 매개변수(mediation)가 된다. 영향을 주는 독립변수와 성과변수 간의 인과관계가 직접 성립하면 좋겠지만, 실제 우리 현실에서는 하나의 변수가 여러 과정을 통해서 성과변수에 간접적인 영향을 미치게 경우도 많다. 많은 연구들은 이러한 매개 과정을 더 섬세하게 알아내고자 노력하고 있기도 하다.

매개 효과(mediation effect)를 검토한다는 것은 이렇게 직접적인 관계보다는 간접적인 관계(indirect effect)를 살펴보려는 것으로, 매개 효과를 간접 효과라고도 한다.

매개 효과에 대한 분석기법들에 대해서는, 저자를 비롯한 김현우, 신용호의 논문인, 〈다중매개모델에서 bootstrapping 기법을 이용한 흡수능력의 매개 효과 분석〉 논문을 참고하시는 것이 더 좋겠다.

기존의 Baron and Kenny 접근방법과 Sobel 검정 방법 등을 언급하고, 대안으로 최근 가장 많이 적용하고 있는 기법인 bootstrapping 접근방법을 제시하고 있으니, 참고하면 좋을 것이다.

조절변수(moderation)는 별도로 설정하였지만, 조절변수가 특정 경로에 미치는 상황을 파악하는 연구도 매우 중요하다고 할 수 있다. 조절변수는 다음의 연구모형에서와 같이 두 변수군(요인) 사이에서 상호작용 효과(interaction effect)를 검토하는 것이다. 그래서 조절 효과를 상호작용 효과라고도 한다.

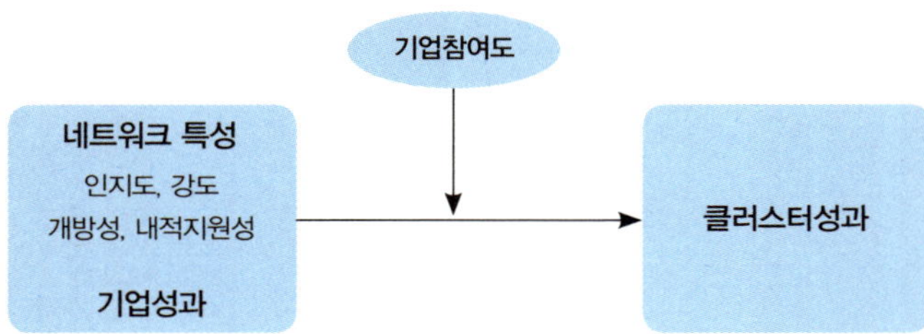

그림에서, 네트워크 특성과 기업참여도 두 변수(사건이라고 하여도 됨) 간의 상호작용 효과를 본다는 것은, (네트워크 특성×기업참여도)의 상호작용 효과가 성과변수에 미치는 영향을 살펴보는 것이다.

SPSS에서는 위계 회귀분석(hierarchical regression analysis)을 통해 분석할 수도 있고, 구조방정식에서는 두 변수의 상호작용 효과를 직접 검증하면 된다. 물론 R에서도 충분히 검증할 수 있으니, 참고하시기 바란다.

이러한 여러 관계에 대해 다양한 분석을 할 수 있으니, 통계는 관계 파악에 진심인 것을 알 수 있으리라 생각한다.

그런데 이러한 통계에서의 확증된 관계에 대한 검토도 중요하지만, 새로운 데이터들이 엄청나게 발생하고 있는 가운데, 즉 빅데이터가 발생하는 가운데, 보다 나은 예측을 위한 노력들이 더욱 진화되고 있다. 인공지능(Artificial Intelligence) 기술이 바로 그러한 노력들 중의 하나이다.

인간의 능력으로 감당하기 어려운 엄청난 데이터들이 쏟아지면서, 빅데이터를 처리하며, 보다 나은 예측을 위한 인공지능 기술이 날로 발전하고 있다. 또한 동시에 이러한 빅데이터를 처리하면서, 새로운 관계를 찾고자 하는 노력들이 기존의 통계 지식과 기술을 넘어, 데이터 집적을 토대로 데이터 지식을 통합한 데이터 사이언스(Data Science) 영역이 출현하였다. 이와 연계하여 4차 산업혁명의 기반이 되고 있는 인공지능 기술들이, 새로운 관계를 찾아, 더 나은 예측을 하며 인류 사회에 새로운 지평을 열고 있는 중이다.

인공지능 기술의 한 분야인 기계학습(Machine Learning: ML)은 새로운 관계를 찾으려는 노력이 극대화된 것이라 볼 수 있다. 이러한 노력들이, 제조 시스템은 말할 것도 없고, 의료, 국방과 사회 전 분야에 도입되기 시작하면서, 새로운 문명이 태동할 준비를 하고 있다. 이러한 기초에도 역시 통계 사고방식이 근저에 놓여 있다는 사실을 잊어서는 곤란하다.

이제 우리는 초반에 주어진 젊은 CEO 사례로 돌아가도록 하자.

젊은 CEO가 현장의 데이터를 수집한 일에 대해서는 매우 칭찬하고 싶다. 데이터를 축적하는 것이 바로 새로운 혁신 도모의 첫 발걸음이라는 것을 다시 한번 확인해 주는 것이다.

데이터 빈도를 통해서, 70% 정도의 작업률이 이루어지고 있다는 사실을 찾아낸 것이 바로 그것이다. 그러나 문제는 다음으로 실시한 분석이다.

콜택시 업계 현실에서 작업률이라는 것을 다르게 표현하면, 서비스율을 의미한다. 이것은 평균의 문제가 아니라, 오차에 관련한 문제임을 직감해야 한다.

우리는 오랫동안 평균에 길들여져 있어서, 오차의 문제를 때때로 잊어버릴 수 있다. 오차는 얼마만큼을 감내할 수 있느냐는 문제로 귀결된다.

기업에서 재고를 어느 정도 유지하거나, 콜서비스센터에서 콜 요원을 다수 유지하려고 하는 것은 평균으로 바라보는 문제가 아니다.

곤충학자가 개미 세계를 연구하다 보니, 개미 세계에도 유휴 개미가 존재한다는 사실을 발견하게 되었고, 개미 집단은 대략 80% 작업률에, 20%의 유휴 집단을 유지하는 경향이 있다고 발표한 적이 있다.

개미 집단뿐만 아니라, 모든 시스템에 존재하는 오차의 문제, 즉 산포의 문제로 인하여, 예기치 않고 나타날 불확실성에 대비하는 것이다. 콜택시에도 똑같이 예기치 못한 불확실성의 산포가 존재한다.

이 산포를 제대로 관리하지 못한다면, 커다란 곤경에 처하게 된다. 산포를 이해해야, 작업률의 모습을 제대로 이해할 수 있게 될 것이다. 작업률과 서비스가 연결되면, 나타나는 문제가 대기하는 줄(waiting line), 즉 대기행렬(Queue)이다.

다행스럽게 대기행렬 분야는 서구의 연구자들이 많은 연구를 진행해 왔다. 그들에게도 똑같이 번민의 대상이었던 것이다. 앞에서 우리가 언급하였던 서비스율과 대기시간 간의 빈도 모습, 즉 분포는 다음과 같은 모습으로 나타나고 있음을 알아내었다. 쉽게 지수함수의 경향을 지니고 있다고 생각하면 된다.

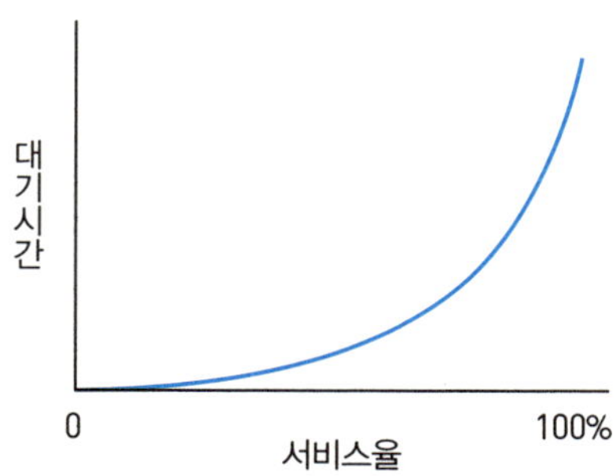

작업률, 다르게 서비스율이 100%에 가까워지면 대기시간은 무한정 늘어나게 된다. 이는 바로 산포에 기이하는 문제이다.

젊은 CEO는 작업에 투입되지 않고 있는 30%의 택시를 처분하고, 이를 통해 운영비를 감소하며 수익 증가를 기대했겠지만, 이면에 있는 산포로 인해, 고객들의 대기시간이 엄청 늘어나는 것은 당연한 결과였다.

콜택시 28대로 운영한 결과는 너무나도 자명하였다. 과거 고객 평균 대기시간이 15분에서 1시간이 넘는 일이 다반사가 되면서 고객들의 불만이 폭주하였고, 결국 영업이익은 곤두박질치게 되었다.

평균에 대한 고민도 중요하지만, 산포에 대한 고민을 business 현장에서 더 많이 해야 한다는 것을 알려주는 사례라고 할 수 있다.

작업을 수행하고 있는 비율인 작업률은 바로 서비스율이다. 서비스율이 높으면 대기시간은 무한대로 급등하게 된다. 이는 고객 도착과 서비스를 받는 시간의 불규칙성, 불확실성, 즉 산포로 인한 문제인 것이다.

이와 유사하게 공장 내에 작업공정에 투입된 기계가 모두 가동 중이라면, 그 어떠한 새로운 작업을 할 수도 없고, 기다려야 한다. 어느 기계라도 작업을 마쳐야 새로운 작업을 할 수 있다. 그래서 조정이 필요한 것이다.

작업 과정에서 어느 정도의 여유를 갖는 기계가 있어야 하는가? 곤충학자가 밝혀낸 개미라는 곤충의 세계에서 작동하고 있지만, 대자연이 우리 인류에게 전해주는 지혜이지 않을까? 불확실성에 대비하는 대자연의 신비스러운 지혜!

우리 개개인도, 인류도 이러한 대자연도 염두에 두고 있는 산포를 조심스럽게 들여다보면 대비해야 하지 않을까?

(3) 데이터를 분석하는 역량이 부족하다

대기업 등의 큰 규모 조직이라면 당연히 데이터 전담부서 또는 연구 집단이 있어서, 데이터 축적과 분석이 가능하겠지만, 어중간한 조직이나 중소기업이 문제이다. 통계 관련 거버넌스, 말하자면 통계 관련 주요 운영 체제를 구축하는 것이 중요한데, 이보다 더 중요한 것은 CEO를 비롯한 핵심 의사결정 계층에서 데이터와 통계에 대한 중요성을 깊이 인식하는 것이 무엇보다 우선이다.

디지털 사회로 들어서는 순간뿐만 아니라, 오래전부터 데이터와 정보는 매우 중요한 의사결정의 단서가 되어 왔다. 중요성을 인지하였지만, 현재의 조직

자원으로 어떻게 할 도리가 없다면, 주변 대학 기관이나 함께 작업하는 경영 컨설턴트가 있다면, 해당 부서와 연계하여 데이터 처리 및 분석에 대한 조언을 구하는 것이 좋다. 그렇다 하더라도 주요부서 중, 특히 혁신 관련 팀에게 데이터 처리 및 분석 업무를 맡겨서 최소한의 데이터 처리에 대한 업무를 수행하도록 하여 미래지향적 조직 운영을 고려하는 것도 좋을 것이다.

데이터 처리와 분석을 전담하는 것이 좋지만, 데이터 생성 시점부터 관리하는 것이 가장 좋다. 그래서 조직 구성원들에게 데이터 생성과 관리, 최소한의 업무 혁신을 위해서라도 최소한의 통계 지식을 갖추는 노력을 기울여야 한다.

요즈음은 YouTube 등에 동영상들이 많으니, 그러한 내용을 참고하는 것도 좋다고 판단된다. 그러나 앞에서 지적하였듯이, CEO부터 시작해서 모든 구성원들이 데이터 생성에서 분석과 실현에 이르기까지 데이터의 중요성을 바르게 인식하는 것이 가장 우선이다. 그리고 자발적인 학습 동기를 통하여, 지식을 습득할 수 있는 기회를 부여하는 것도 매우 좋은 방편이 될 것이다.

통계 지식이 한 번에 당장 습득할 지식은 아니지만, 그렇다고 대단히 어려운 일이 아니라고 하는 것을, 저자는 이 저서를 통해 알려주고자 함이다.

뜻이 있으면, 반드시 길이 있고, 길이 있으면 기회가 주어진다는 사실과 함께 조직이 힘을 합치면 좋은 성과를 이룰 것이다.

【저자 약력】

이대진(구명: 이홍배)

현, 경일대학교 스마트경영학부 교수, 경영학 박사(부산대, 1991)
전, 평생교육체제지원사업단 단장(~2021.12)
한국의사결정학회 회장(~2022.3)
경일대학교 미래융합대학장(~2021.8)
경일대학교 평생교육원장(~2021.8)
경일대학교 대학교육개발원장(~2009.8)
한국경영학회 이사
한국경영과학학회 이사
한국경영교육학회 이사
한국인사학회 이사

주요 관심분야 :
시스템 분석 및 평가, Data Science, DEA, AHP, 실무통계분석

임경국

현, 경일대학교 스마트경영학부 교수, 공학박사(포항공과대학교 산업경영공학과, 2011)
경일대학교 스마트경영학부장(2022.1~)
한국의사결정학회 이사
전, 삼성SDS Senior Consultant(2013.4~2019.8)
서강대학교 경영전문대학원 연구교수(2012.9~2013.2)

주요 관심분야 :
경영과학, 생산관리, 조합최적화

정석봉

현, 경일대학교 철도학부 교수, 공학박사(KAIST, 2005)
경일대학교 기획처장(2022~)
한국의사결정학회 총무이사(2019~)
전, 경일대학교 정보처장(2020~2021)
경일대학교 철도학과장(2017~2020)
Ernst&Young Consultant(2011)
CJ Affiliates 부장(2009~2011)
삼성SDS Senior Consultant(2005~2009)

주요 관심분야 :
딥러닝, 머신러닝, 이미지인식, 물류관리

세상을 보는 눈, 통계 – 빅데이터 기초편

초판발행 2022년 8월 31일

지은이 이대진 · 임경국 · 정석봉
펴낸이 박노일
총괄기획 최준규
편 집 심성보
펴낸곳 pnc publishing and culture 피엔씨미디어
경기도 고양시 일산동구 강송로 153 310 - 1501
등록 제396 - 2012 - 000203호

전 화 070)7550 - 3758 팩 스 02)718 - 8554
홈페이지 www.pncmedia.co.kr 이메일 pnc@pncmedia.co.kr
ISBN 979 - 11 - 5730 - 844-6 93310

정 가 18,000원